Heidi Häfelein

Selbst Holz bearbeiten und behandeln

Compact Verlag

© 1996 Compact Verlag München
Nachdruck, auch auszugsweise,
nur mit ausdrücklicher Genehmigung
des Verlages gestattet.
Alle Anleitungen wurden
sorgfältig erprobt – eine
Haftung kann dennoch
nicht übernommen werden.
Redaktion: Claudia Schäfer
Umschlaggestaltung: Inga Koch
Druck: Color-Offset, München
ISBN 3-8174-2271-7
2222712

Vorwort

Ein Wort zuvor

Selbermachen - ein Hobby, das heute für Millionen zur sinnvollen Freizeitbeschäftigung geworden ist. Ob es sich nun um die gemietete Altbauwohnung oder um die eigenen vier Wände handelt, mit etwas Geschick und einer fachmännischen Anleitung lassen sich oft verblüffende und ansprechende Ergebnisse erzielen: bei kleineren Reparaturen, beim Renovieren und Verschönern und beim Um- und Ausbauen. Und Selbermachen bringt Spaß. Freude an der eigenen Arbeit, deren Ergebnis man Tag für Tag sehen und »bewundern« kann; es spart Geld, mit dem sich langgehegte Wünsche erfüllen lassen, und es macht unabhängig von Handwerkern, auf die man wochenlang und schließlich vergeblich gewartet hat.

Fachgeschäfte, Heimwerker- und Baumärkte versorgen den Hobby-Handwerker mit allen Werkzeugen und Materialien, die er braucht. Doch richtiges Werkzeug und Begeisterung allein reichen nicht aus. Unerläßlich sind eine gründliche Vorbereitung und Fachkenntnisse, wie eine Arbeit durchzuführen und was dabei zu beachten ist.

COMPACT PRAXIS **Selbst Holz bearbeiten und behandeln** zeigt, wie man's macht. Mit wertvollen Tips und Tricks, die sich in der Praxis tausendfach bewährt haben. Jeder Arbeitsgang wird ausführlich Schritt für Schritt gezeigt und in Bild und Text erläutert. Übersichtliche Symbole zeigen auf einen Blick, mit welchem Schwierigkeitsgrad, welchem Kraft- und Zeitaufwand Sie bei jedem Arbeitsgang rechnen müssen, welche Werkzeuge Sie brauchen und wieviel Geld Sie durch Ihre eigene Arbeit einsparen können.

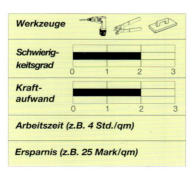

Und so stufen Sie sich auch richtig ein:

Schwierigkeitsgrad 1 - Arbeiten, die selbst der Ungeübte ausführen kann. Es ist nur geringes handwerkliches Geschick erforderlich.

Schwierigkeitsgrad 2 - Arbeiten, die einige Übung im Umgang mit Werkzeug und Material erfordern. Es ist handwerklich durchschnittliches Geschick notwendig.

Schwierigkeitsgrad 3 - Arbeiten, die fachmännische Übung erfordern. Überdurchschnittliches Geschick ist erforderlich.

Kraftaufwand 1 - leichte, einfache Arbeit, die jeder bequem erledigen kann.

Kraftaufwand 2 - Arbeiten, die eine gewisse körperliche Kraft voraussetzen.

Kraftaufwand 3 - Arbeiten für kräftige Heimwerker, die keine »Knochenarbeit« scheuen.

Inhaltsverzeichnis

Auf einen Blick

Fachkunde
Rohstoff Holz — 6

Materialkunde
Holz und Holzwerkstoffe — 9
Leime, Bohrer, Dübel & Co. — 14
Beschläge — 16
Farben, Beizen, Lacke, Öle, Wachse — 17

Werkzeugkunde — 18

Grundkurse
Trennen — 20
Spantechnik — 22
Hobeln, Feilen, Schleifen
Drechseln — 25
Schnitzen, stechen, stemmen — 28
Fräsen — 31
Verbindungstechnik — 32
Bohren, Schrauben, Nageln — 32
Holzdübel setzen — 34
Verleimen und Pressen — 35
Scharniere und Zinkverbindungen — 36
Oberflächenbehandlung — 37
Imprägnieren, Grundieren,
Lasieren und Lackieren — 37

Inhaltsverzeichnis

Arbeitsanleitungen
Klappstuhl 38
Holzfußboden im Fischgrätenmuster verlegen 44
Kinderschaukel 48
Futonbett 54
Eckhängeschränkchen 60
Holzterrasse 64
Frühstücksbrettchen 68
Fensterladen renovieren 73

Stehpult 76
Gedrechselter Kerzenleuchter 82
Holzbodenrenovierung und -pflege 86
Stummer Diener 90

Sachwortregister 95

Bildquellennachweis 96

Fachkunde: Rohstoff Holz

Ein vielseitiges Gestaltungsprodukt

Solange wir die Zeit zurückverfolgen können, spielt Holz für die **Lebensraumgestaltung** von Menschen eine wichtige Rolle. Bereits in der Steinzeit wurde die Blockholzbauweise erfunden. Hierbei werden runde Baumstämme übereinandergefügt und bieten besten Wärme- und Windschutz. Das traditionelle **Blockhaus**, bekannt aus Kanada und nordeuropäischen Ländern, findet mittlerweile auch in unseren Breitengraden wegen seines gesunden Raumklimas mehr und mehr Anhänger. Beliebt sind auch **Fassadenverkleidungen** aus Holz. Sie bieten einen zusätzlichen **Wärmeschutz**. Da sich Holz sehr gut verarbeiten läßt und ein lebendiges Naturprodukt mit charakteristischem Erscheinungsbild ist, erfreut es sich größter Beliebtheit bei Architekten und Designern. Offene **Dachstuhlkonstruktionen**, **Galerien**, **Böden, Decken, Wandverkleidungen, Leisten, Rahmen** und **Möbel** aus Holz bringen heimelige Akzente in jeden Wohnraum. Selbst die kleinen Dinge des täglichen Gebrauchs wie **Küchenutensilien** und **Kinderspielsachen** werden aus hochwertigen Hölzern und in auffallendem Design hergestellt. Holz ist rundum sympathisch. Seine strukturierte Oberfläche fühlt sich schön glatt und warm an.

Gemütlicher Wohnraum eines deutschen Blockhauses

Fachkunde: Rohstoff Holz

Moderne Holzfassade

Putziges Katzenpuzzle

Eßzimmer im Landhausstil

Wandverkleidung im Bad

Behagliche Schlafatmosphäre

Küchenbrett aus Kirschbaumholz

Eleganter Holzfußboden

Dekorholz für die Küche

Romantische Gartenlaube

Fachkunde: Rohstoff Holz

Holz reagiert auf klimatische Veränderungen

Holz an sich ist ein kompliziertes **Zellgebilde**, das sich aus nur zwei Hauptbestandteilen zusammensetzt: **Zellulose** und **Lignin**. Zudem können noch je nach Baumart Fette, Öle, Wachse, Harze, Stärke, Zucker und Gerb- und Farbstoffe enthalten sein. Als lebendiger Stoff reagiert Holz auf **Feuchtigkeit, Licht, Luft** und **Belastungen**. So nimmt Holz zum Beispiel Luftfeuchtigkeit auf, speichert sie und gibt sie bei trockener Umgebung wieder ab. Dadurch verändert sich die Form ständig.

> **PROFITIP**
> Beim Kauf sollte man den künftigen Standort des Holzes berücksichtigen und auf entsprechende Trocknung achten. Wählen Sie Hölzer mit folgendem Feuchtigkeitsgehalt: Räume mit Heizung 6 bis 12%; Räume ohne Heizung 9 bis 15%; im Freien, geschützt 12 bis 18%; Hölzer, die der Witterung direkt ausgesetzt sind, 18% und mehr.

Ein gewisses Schwinden von Holz sollten Sie immer miteinplanen. So ziehen sich bei trockener Luft die **Fasern** der Länge nach etwa 0,3% zusammen. In der Breite können es dagegen schon bis zu 3% sein. Äste lassen sich im Holz nicht vermeiden. Achten Sie aber darauf, daß es nicht zu viele sind und daß sie nicht zu groß sind.

Der Aufbau eines Baumstammes
1 - Borke als Schutzmantel
Sie schützt den Baum vor Witterungseinflüssen wie Wind, Kälte und Hitze. Verhindert aber auch gleichzeitig einen zu hohen Feuchtigkeitsverlust des Baumes und schützt gegen Insekten- und Pilzbefall.
2 - Bast als Energieleiter
Über ihn werden Nährstoffe in die einzelnen Baumteile transportiert.

3 - Kambium als Produktionsort
Hier findet durch Zellteilung das Wachstum des Baumes statt. Die Kambiumzellen bilden nach innen Holzzellen und nach außen Bastzellen. Diese Produktion findet im Frühjahr statt, sobald die Blattknospen zu treiben beginnen. Aus den sich hieraus ergebenden Jahresringen ist das Alter eines Baumes ersichtlich.
4 - Splintholz als Wasserleiter
Dieses junge Holz speichert die für den Baum lebensnotwendige Feuchtigkeit. Die inneren Schichten wandeln sich zu Kernholz.
5 - Kernholz als Basis
Dieser Bereich ist zwar bei vielen Baumarten abgestorben, bleibt aber trotzdem stabil.

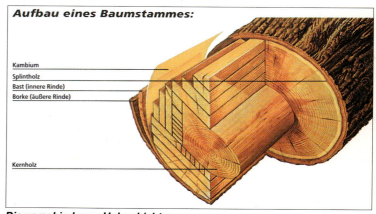

Die verschiedenen Holzschichten

Materialkunde: Holz und Holzwerkstoffe

Ein vielseitiges und reichhaltiges Angebot

Europäische Nadelhölzer
Nadelhölzer sind weicher und leichter als Laubholz. Die **Struktur** ist langfaserig, grobporig und lebhaft. Die **Farben** bewegen sich zwischen hellgelb und rotbraun. Nadelhölzer werden häufig für **Wand-** und **Deckenverkleidungen** verwendet. Sie können auch einfache **Möbel** wie **Bücherregale** daraus bauen.

1 Tanne: Sie hat eine mittelharte bis weiche, grobfaserige, weiße Holzstruktur, die sich leicht bearbeiten läßt. Im Wechsel von naß und trocken nicht sehr dauerhaft.
Anwendung: Bau-, Werk- und Möbelholz.

2 Fichte: Mittelhart, langfaserig und sehr biegefest, dadurch gut zu bearbeiten. Ohne Feuchtigkeitseinfluß sehr dauerhaft.
Anwendung: Ein gutes Bau- und Nutzholz für Balken, Dachsparren, Kantholz, Bohlen, Bretter und Schalholz.

3 Kiefer: Mittelhart, nicht sehr zäh und nicht sehr elastisch.
Anwendung: Für Möbel- und Innenausbau. Bauholz für Türen, Fenster, Fußböden, Treppen, Verkleidungen und Vertäfelungen.

4 Lärche: Das Lärchenholz ist elastisch und zäh. Es ist sehr hart, fest und tragfähig. Auch unter wechselnden Feuchtigkeitseinflüssen sehr dauerhaft.
Anwendung: Sehr gutes Holz für Möbel- und Innenausbau. Eignet sich auch gut für Drechslerarbeiten.

Europäische Laubhölzer
Sie sind schwerer und härter als Nadelhölzer. Die Struktur ist dichter und kurzfaserig. Die **Farbnuancen** reichen von weißlich-gelb über grünlich-grau bis hin zu rot- und dunkelbraun. Laubhölzer werden zum Bau edlerer **Möbel** und **Wandverkleidungen** verwendet.

5 Buche: Fest, hart und nicht sehr elastisch; feuchtigkeitsempfindlich.
Anwendung: Für Treppenstufen, Parkettböden, Türschwellen oder Werkbänke; kein Bauholz.

6 Eiche: Sehr harte, dichte, tragfähige und langfaserige Struktur. Ihre **Gerbsäure** wirkt fäulnishemmend. Sehr dauerhaft, selbst bei Feuchtigkeitsschwankungen.
Anwendung: Hochwertiges Bauholz für Außentreppen und Außentüren und alles, was im Außenbereich verarbeitet ist. Vorzügliches Möbel- und Furnierholz.

1

2

3

4

Materialkunde: Holz und Holzwerkstoffe

7 Ulme: Hat eine zähe, harte und langfaserige Struktur. Das Holz ist sehr haltbar - selbst im Wasser.
Anwendung: Boots-, Schiffs- und Brückenbau. Gutes Möbel-, Furnier- und Drechselholz.

8 Esche: Ziemlich hart, zäh und feinfaserig. Da es sehr elastisch ist, läßt es sich gut bearbeiten und durch Wasserdampf in beliebige Formen bringen.
Anwendung: Möbel und feine Tischler- und Drechselarbeiten.

Obsthölzer
9 + 10 Kirsche und Nußbaum: Besonders kostbare Hölzer. Ihre Struktur ist lebhaft.
Anwendung: Für hochwertige Möbel und Küchenaccessoires.

Tropische Hölzer wie Teak und Mahagoni sehen zwar sehr edel aus und sind auch sehr fest und robust, aber aufgrund des unkontrollierten Abholzens und der dadurch drohenden Zerstörung der ökologisch besonders wichtigen Regenwälder, sollten Sie auf den Gebrauch solcher Hölzer verzichten.

Drechselholz
Bei gedrechselten Gegenständen spielt die **Maserung** des Holzes eine wichtige Rolle. Aber auch die **Qualität** ist entscheidend. So sollte das Holz keine Querrisse, Oberflächenrisse und Aststellen haben. Besonders beliebte Drechselhölzer sind: **Kirsch-, Birn-** und **Apfelbaumhölzer.** Auch Harthölzer wie **Eiche** und **Nußbaum** eignen sich zum Drechseln.

Schnitzholz
Als Anfänger kommen Sie am besten mit **Lindenholz** zurecht. Es hat eine meist gerade und feine Maserung, ist weich und dennoch zum Schnitzen genügend dicht und elastisch.

7

8

5

9

6

10

Materialkunde: Holz und Holzwerkstoffe

Furniere

Einer der **ökonomischsten Wege,** den wertvollen Rohstoff Holz sinnvoll zu nutzen, ist die Herstellung von Furnieren. So können zum Beispiel aus einem Kubikmeter Holz mehr als 50 furnierte Wohnzimmerschränke hergestellt werden. Würde man Massivholz verwenden, würde es nur für zwei Schränke reichen. Zur Herstellung von Furnieren gibt es verschiedene Methoden. Diese beeinflussen das **Erscheinungsbild** in Farbe und Struktur. Furniere sind etwa 0,6 bis 0,8 mm dick.

Holz, wie es der Handel anbietet

Schwartenbretter: Das ist **Abfallholz**, das bei der Herstellung von Schnittholz anfällt. Die Innenseite ist sägerauh, an der Außenseite ist oft noch die Borke dran.

Unbesäumte Bretter: Diese werden aus **entrindeten Stämmen** geschnitten. Aufgrund der natürlichen **Baumsilhouette** sind sie unterschiedlich breit. Sie werden mit gehobelten Oberflächen oder sägerauh in folgenden Maßen angeboten: Längen zwischen 150 Zentimetern und 650 Zentimetern; Dicken zwischen 10 und 35 mm.

Parallel besäumte und Glattkantbretter: Sie gibt es in Längen zwischen 150 und 600 Zentimetern, in Dicken zwischen 9,5 bis 18 Millimetern und in einer Breite von meist 90 Millimetern.

Das finden Sie im Baumarkt

Leimholz: Es besteht aus fest **verleimten Brettern** und wird meist aus **Kiefer, Fichte** und **Erle** in Fixmaßen angeboten. Die einzelnen Bretter sind in **Folie** wasserdicht verpackt. Dadurch bleibt der Trockenheitsgrad zur Zeit der Herstellung erhalten. Die Oberflächen sind geschliffen. **Leimholz**, das aus schmalen Leisten verleimt ist, verzieht sich nicht. Nachteil: Durch die vorgegebenen Fixmaße ergibt sich oft Verschnitt, der letztlich mitbezahlt werden muß.

Bei **Kanthölzern** und **Leisten** ist die Auswahl, was die Maße betrifft, im Heimwerkermarkt recht groß. Es gibt sie meist aber nur aus **Kiefer** und **Fichte.** Achten Sie unbedingt darauf, daß die Hölzer gerade verlaufen und nicht in sich verdreht sind. Beim Kauf mehrerer Leisten sollten Sie zudem darauf achten, daß alle in etwa gleich breit und gleich dick sind. Messen Sie

Nußbaum-Furnierblätter

Verschiedene Furniere

Unbesäumte Bretter

Materialkunde: Holz und Holzwerkstoffe

v.u.n.o.: **Verleimtes Holz, Sperrholz, beschichtete Spanplatte, Multiplexplatte, Spanplatte roh, Tischlerplatte**

Hartfaserplatten

Rundhölzer

lieber mit einer **Schiebelehre** nach. Frische Lieferungen entsprechen oft dem angegebenen Maß, sind aber nicht sehr trocken. So muß der Trocknungsschwund miteinberechnet werden. Alte Lieferungen sind bereits getrocknet und qualitativ besser. Durch die Trocknung im Baumarkt kann es aber vorkommen, daß sie schmäler und dünner als das **Nennmaß** sind. Also immer lieber nachmessen!

Holzbauplatten können Sie sich in den **Zuschnittabteilungen** der Heimwerkermärkte auf Maß zuschneiden lassen. Folgende Platten werden angeboten:

Spanplatten gibt es roh und beschichtet. Sie werden aus maschinell zerkleinerten **Holzspänen**, die mit Kunstharzen verbunden und unter hohem Druck gepreßt werden, hergestellt. Im Baumarkt können Sie zwischen **unbeschichteten, kunststoff-** oder **furnierbeschichteten** Spanplatten wählen. Spanplatten sind leider formaldehydhaltig. Achten Sie deshalb beim Kauf unbedingt auf die Plattenbezeichnung **E 1 FO-Platten**. Diese Platten entsprechen den gesetzlichen Vorschriften für den Einbau in Wohnräumen und gelten als **nicht gesundheitsgefährdend**. **Holzfaserplatten** bestehen aus gepreßtem **Spanstaub** und sind sehr stark verdichtet. Es gibt sie in unterschiedlicher Dichte und Festigkeit. Die am häufigsten verwendete Platte ist die **MDF-Platte** (mitteldichte Faserplatte). Die **HDF-Platte** (hochverdichtete Faserplatte), sie ist sehr hart, wird im Heimwerkerbereich seltener verwendet.

Sperrhölzer

Furnierplatten bestehen aus mindestens drei kreuz und quer miteinander **verleimten Holzplatten.** Es gibt sie roh oder mit verschiedenen **Holzfurnieren** beschichtet. Bei den dünnen Platten sind alle drei Schichten etwa gleich dick. Sie werden meist für den Bau von **Schubladenböden, Türfüllungen** oder für **Schrankrückwände** verwendet. Bei den dickeren Platten ist die Mittelschicht meist dicker und aus **Fichte**. Das mindert zwar die Qualität, ist aber eine preiswerte Lösung und reicht für die meisten Arbeiten aus. Furnierplatten, die aus mehr als drei und aus bis zu 19 Schichten bestehen können, sind auch unter der Bezeichnung **Multiplexplatten** bekannt.

Materialkunde: Holz und Holzwerkstoffe

Massivholzboden mit Nut und Feder

Fertigparkett

Laminatboden

Tischlerplatten sind dicke Sperrholzplatten, die speziell für den **Möbelbau** konzipiert wurden. Die Mittellage besteht aus verleimten **Leisten** oder **Stäbchen.**

Für Möbelrückwände werden auch gerne **Hartfaserplatten** verwendet. Es gibt sie roh oder mit einer einseitigen Beschichtung.

Rundhölzer werden in verschiedenen Durchmessern, längsgerillt oder glatt angeboten. Aus gerillten Rundhölzern können Sie **Holzdübel** selbst herstellen.

Profilierte Leisten sind zum Beispiel Eck- und Sockelleisten sowie genutete und gefälzte Schalbretter.

Gedrechselte Fertigteile, wie Tisch- und Schrankfüße, Möbelgriffe, Konsolen, Geländerstaketen und Säulchen, finden Sie ebenfalls reichhaltig in Baumärkten.

Profilbretter und Paneele
Sie haben an einer Längskante eine Nut und an der gegenüberliegenden ein Federprofil. Es gibt sie massiv aus **Laub-** und **Nadelhölzern**, mit verschiedenen Furnieren oder mit dekorativen **Zierprofilen.** Sie werden hauptsächlich für Wand- und **Deckenverkleidungen** verwendet.

PROFITIP
Fußbodenhölzer gibt es traditionell aus Massivholz oder aus mehreren Schichten wie Parkett. Die jüngere Generation der Holzböden sind Laminatböden. Durch eine Spezialbehandlung ist die Oberfläche fast unverwüstlich. Selbst chemische Reinigungsmittel können der Melaminharzoberfläche so schnell nichts anhaben.

Hochdruckimprägnierte Hölzer zum Bau von Gartenzäunen und Lauben gibt es als Fertigware.

Hochdruckimprägnierte Gartenhölzer

Materialkunde: Leime, Bohrer, Dübel & Co.

Die halten, was sie versprechen

1

2

3

1 Für Holzklebearbeiten verwendet man im allgemeinen lösungsmittelfreien Holz-Weißleim. Er basiert auf Kunstharz und zieht innerhalb von 15 Minuten an. Bis dahin sollte die Verbindung aufeinandergesetzt und zusammengepreßt sein. Nach etwa 30 Minuten Preßzeit ist das Werkstück zwar stabil, darf aber noch nicht mit Gewicht belastet werden. Nach etwa 12 Stunden ist es voll belastbar. Für Naßräume gibt es **wasserfesten Holzleim.**

> **ÖKOTIP**
> Wer frei von irgendwelchen Kunststoffen leimen möchte, greift am besten auf den altbewährten Anrührleim zurück. Dieser hat ebenfalls eine sehr hohe Bindekraft, Sie müssen ihn immer in der genau benötigten Menge anrühren.

2 Mit **Heißkleber** aus der Klebepistole lassen sich ebenfalls Holzverbindungen schnell und sauber herstellen.

3 Um Löcher in Holz zu bohren, benutzen Sie am besten eine elektrische **Bohrmaschine.** Als **Akku-Geräte** bieten sie den Vorteil, daß man sie überall einsetzen kann - selbst im Freien. Als Bohrer verwenden Sie **Holzspiralbohrer.** Sie haben eine **Zentrierspitze**, mit der Sie ein Werkstück exakt anbohren können. Mit Holzbohrern sollten Sie kein anderes Material bohren. Sie würden sich schnell abnutzen und für Holzarbeiten unbrauchbar werden.

4 Zum Verbinden von Holzteilen gibt es spezielle **Holzdübel**. Sie sind in verschiedenen Größen erhältlich. Sie können sich Holzdübel auch selbst aus gerillten Rundhölzern zurechtsägen.

5 Holzteile können auch mit Schrauben verbunden werden. Für solche **Schraubenverbindungen** gibt es die traditionelle **Holzschraube** mit Senk-, Linsen- oder Rundkopf. Sie hat ein sich zur Spitze hin verjüngendes Gewinde. Bevor Sie die Schraube in das Werkstück eindrehen, müssen Sie jedoch ein Loch vorbohren.

6 Einfacher zu handhaben sind dagegen die speziellen **Spanplattenschrauben**, auch **Spax** genannt. Diese Schrauben werden direkt mit einem Elektroschrauber oder mit einer Bohrmaschine mit

Materialkunde: Leime, Bohrer, Dübel & Co.

Rechts-Linkslauf in das Holz gedreht. Sie haben ein selbstschneidendes, bis zum Kreuzschlitzkopf durchgehendes Gewinde und eine schlanke Spitze. Die Spanplattenschraube kann auch für Massivholz verwendet werden. Wenn Sie mit verschiedenen Holzarten bauen, kommen Sie mit einem Spanschraubensortiment am besten zurecht.

Als **Größenanhaltspunkt** gilt folgende Regel: Je größer der Gegenstand, der befestigt werden soll, desto länger die Schraube. Je schwerer der Gegenstand ist, desto dicker sollte die Schraube sein. Achten Sie jedoch darauf, daß die Schraube nicht zu lang ist und seitlich wieder aus dem Holz herauskommt. Die Größe einer Schraube ist aus zwei auf der Packung angegebenen Maßen ersichtlich. Die Angabe 3,0 x 40 bedeutet, daß die Schraube einen Durchmesser von 3,0 mm hat und von der Spitze bis zum **Schraubenkopf** 40 mm lang ist.

7 Holznägel gibt es in vielen Durchmessergrößen und Längen.

8 Mit **Winkeleisen** können Sie Holzverbindungen sowie Wandbefestigungen herstellen. Es gibt sie in vielen verschiedenen Ausführungen und Größen. Sie werden immer verschraubt.

Ein **Elektrobohrer** ist ideal, wenn Sie viel zu schrauben haben. Verschiedene Schraubvorsätze, „bits", ermöglichen es, unterschiedliche Schrauben einzudrehen. Die Akkugeräte sind sehr handlich und einfach zu bedienen.

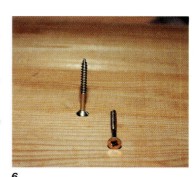
6

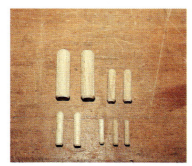
4

7

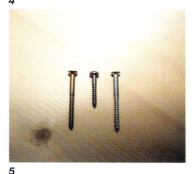
5

8

Materialkunde: Beschläge

Klein, aber oho

1

2

3

4

1 Das **Topfband** besteht aus zwei Teilen, die mit einer Schraube verbunden werden. Mit einer weiteren Schraube können Sie den Abstand zwischen zwei Türen korrigieren und die Türe geradestellen.

2 Das **Stangenscharnier** (auch Klavierband genannt) ist sehr beliebt. Es ist als Meterware erhältlich, sehr preiswert und einfach zu montieren. Die Länge wählt man der Türhöhe entsprechend.

3 Von solch kleinen **Möbelscharnieren** sollten Sie je nach Türgröße mehrere anbringen, mindestens jedoch zwei. Die zweiteiligen Scharniere bieten den Vorteil, daß die Tür ausgehängt werden kann.

4 Türgriffe und **Türknöpfe** gibt es aus Holz, Metall, Keramik und Kunststoff. Sie werden mit Schrauben, die von innen nach außen durch die Tür gedreht werden, befestigt. Bei Bügelgriffen messen Sie zuerst den Abstand der beiden Gewindemittelpunkte genau und markieren diese mit Bleistift. Anschließend mit der Bohrmaschine durchbohren und den Bügel ebenso mit Schrauben von hinten fixieren.

PROFITIP
Scharniere erst an der Tür, dann am Rahmen befestigen. Dadurch vermeiden Sie, daß sie klemmen oder nicht richtig schließen.

Materialkunde: Farben, Beizen, Lacke, Öle, Wachse

Holz braucht Schutz und Pflege

Holz ist ein Naturprodukt, dessen Oberfläche pfleglich behandelt werden möchte. Im Freien benötigt Holz Schutz gegen Umwelteinflüsse wie Sonne und Regen. Aber auch Ungeziefer und Pilze können ihm schwer zu schaffen machen, wenn wir es nicht durch entsprechende Maßnahmen schützen.

Für den Außenbereich sind **Anstriche** unentbehrlich. Bevor sie aufgetragen werden, sollte das rohe Holz mit Borsalzlösungen imprägniert und mit **Grundiermittel** behandelt werden.
Die natürlichste Art, Massivholz zu pflegen, ist die Behandlung mit **Wachsen**. Holzfarbe und Struktur kommen so besonders gut zur Geltung. Es gibt verdünnte, cremige und hart werdende Wachssorten, die mit einem Lappen aufs Holz gerieben werden. **Bienenwachs** wird heiß aufgetragen und wieder abgebürstet, hat aber den Vorteil, daß es einen angenehmen Duft verbreitet.

Möchten Sie Holz einen **farbigen Anstrich** verpassen, können Sie zwischen Beizen, Lasuren und Lacken wählen.
Normale **Holzbeizen** werden mit einem Lappen, Schwamm oder Pinsel aufgetragen. Die Farbintensität ergibt sich beim Verdünnen mit Wasser oder Spiritus. Gebeizte Oberflächen erhalten durch eine zusätzliche Öl- oder Wachsbehandlung den nötigten Schutz.

> **ÖKOTIP**
> Lesen Sie die Inhaltsangaben der einzelnen Produkte genau durch. Bezeichnungen wie „Öko", „Bio", oder „Natur" täuschen manchmal Umweltfreundlichkeit vor. Nur Produkte mit dem offiziell anerkannten „Blauen Engel" sind unbedenklich für Mensch, Tier und Natur.

Holzlasuren gibt es auf der Basis pflanzlicher Wachse und Öle, die tief ins Holz eindringen und es elastisch und gesund halten. Das so behandelte Holz kann atmen, Feuchtigkeit aufnehmen und wieder abgeben. Diese „offenporigen" Anstriche reißen nicht und blättern nicht ab. Die Holzstruktur bleibt sichtbar.

Stärker beanspruchte Flächen können Sie mit filmbildenden **Klar-** oder **Decklacken** behandeln, die auf natürlichen Inhaltsstoffen wie Harzen und Ölen basieren. Sie werden mit Pinsel, Lackierrolle oder Spritzgerät aufgetragen.

Der richtige Anstrich schützt und pflegt Holz

Werkzeuge

Die wichtigsten Werkzeuge

Auf diesen beiden Seiten finden Sie Kurzbeschreibungen der wichtigsten Werkzeuge, die Sie zum Bearbeiten von Holz benötigen. Welche Werkzeuge Sie für die einzelnen Arbeitsanleitungen brauchen, können Sie den Symbolkästen entnehmen, die jeder Anleitung vorangestellt sind.

Werkzeuge zur Holzbearbeitung

Feinsäge: Sie eignet sich zum Sägen von Leisten und Latten.
Fuchsschwanz: Damit können Sie Kanthölzer, Latten und Bretter ablängen.
Stichsäge: Für Rundungen und enge Kurven.
Handkreissäge: Sie macht sich bei allen Holzsägearbeiten nützlich.
Oberfräse: Mit ihr arbeiten Sie Nuten, Zierleisten, Kanten und vieles mehr exakt aus.
Bandschleifmaschine: Sie dient zum Abschleifen von größeren Flächen.
Exzenterschleifer oder **Schwingschleifer:** Zum Abschleifen und Polieren größerer Holzoberflächen.
Hobel: Zum Glätten sägerauher Holzoberflächen und zum Kanten nachbearbeiten.
Zwingen: Zum Fixieren von Klebestellen oder zum Befestigen von Werkstücken an der Werkbank.

Holzfeile: Mit ihr können Sie scharfe Kanten brechen und Unebenheiten ausgleichen.
Schleifpapier: Gibt es mit verschiedenen Körnungen und wird zum Abschleifen von Holzoberflächen verwendet.
Bohrmaschine: Mit ihr bohren Sie Löcher in Holz. Moderne Maschinen sind mit Rechts- und Linkslauf ausgestattet und stufenlos regulierbar. Mit solchen Maschinen können Sie auch schrauben.
Schraubendreher: Zum Ein- und Ausdrehen von Schrauben per Hand.
Akkuschrauber: Wo viel geschraubt wird, macht er sich nützlich. Er liegt gut in der Hand, ist leicht zu bedienen und erspart unliebsamen Kabelsalat.

Weitere Werkzeuge und Hilfsmittel

Werkbank: Ist eine solide und praktische Basis für viele Arbeiten.
Schmiege: Hiermit können Sie jede Winkelstellung abnehmen und exakt aufs Holz übertragen.
Tacker: Er schießt kleine Klammern ins Holz. Damit läßt sich am Holz befestigen.

Werkzeuge

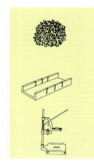

Stahlwolle: Zum parziellen Abschleifen von Holzoberflächen.

Gehrungslade: Sie hilft beim Sägen von Leisten. Einkerbungen ermöglichen ein genaues Sägen von 45° und 90° Winkeln.

Bohrständer: Mit ihm gelingen präzise Bohrungen.

Werkzeuge zur Oberflächenbehandlung

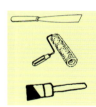

Spachtel: Benötigen Sie zum Verfugen mit Holzkitt.
Farbroller: Zum gleichmäßigen Auftragen von Farbe auf größeren Flächen.
Pinsel: Zum Auftragen von Farben, Lacken und Beizen.

Werkzeuge zum Drechseln

Drechselbank: Gibt es als eigenständige Maschinen mit Geschwindigkeitsregler oder als Vorrichtung, die Sie mit einer normalen Bohrmaschine betreiben und an der Werkbank befestigen können.

Drechselwerkzeug: Die verschieden geformten Werkzeugteile haben einen langen schmalen Griff und sind länger als Schnitzeisen.

Zirkel: Sie benutzen ihn, um die Formeneinteilung am Drechselholz auszumessen.

Werkzeuge zum Schnitzen und Stemmen

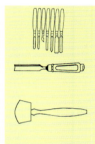

Schnitzeisen: Gibt es in vielen verschiedenen Formen und Größen.
Stechbeitel: Mit dem Stechbeitel arbeiten Sie Holzaussparungen oder Durchbrüche an Holzobjekten aus.
Klüpfel: So einen Holzhammer benutzt man bei diversen Holzarbeiten, wie z. B. Schnitzen und Stemmen.
Abziehstein: Mit ihm können Sie zwischendurch das Schnitzwerkzeug etwas nachschleifen.

Werkzeuge zum Bodenverlegen

Wasserwaage: Mit der Wasserwaage können Sie sehen, ob der Boden ebenmäßig verläuft oder abschüssig ist.
Zugeisen: Es dient zum Fixieren des letzten Bodenbretts einer Reihe. Es wird zwischen Holz und Boden gesteckt, drückt man es gegen die Wand, erzeugt es Gegendruck auf die Bodenplatten und fixiert auf diese Art und Weise die Platten.

Grundkurs: Trennen

Sägen

1 Für Ihre eigene **Sicherheit** und zum Schutz vor **Verschnitten** sollten Sie beim Sägen die Werkstücke immer gut an der Werkbank befestigen. Das können Sie, falls Sie keine Werkbank mit **Einspannvorrichtung** haben, auch mit Klemmzwingen bewerkstelligen. Beim Einspannen mit diesen sollten Sie zum Schutz der Holzoberfläche Beilagen dazwischen legen. Genaues **Anreißen** (messen und markieren) ist für exaktes Sägen unerläßlich. Wenn Holz gesägt wird, fallen bekanntlich Späne. Diesen Sägeabfall müssen Sie bei der Planung miteinberechnen, falls Sie beide auseinandergesägten Teile verwenden wollen. Kaufen Sie das Holz entsprechend länger. Sägen Sie nicht auf, sondern direkt neben dem **Anriß** (Bleistiftlinie), sonst wird das Werkstück um den **Sägeschnitt** zu kurz. Dessen Breite richtet sich nach der jeweiligen Stärke des Sägeblattes.

2 + 3 Mit dem **Fuchsschwanz** oder einer **Feinsäge** können Sie dünne bis mitteldicke Bretter und Leisten sägen. Das Sägeblatt wird schräg am Holz angesetzt und von oben nach unten und umgekehrt mit Druck durch die Schnittstelle gezogen.

4 Um exakte Gehrungen an schmalen Brettern und Leisten sägen zu können, verwenden Sie eine **Gehrungslade.** Die versetzten **Schlitze** führen die Säge in einem 45° Winkel durch das Holz.

5 Ein **elektrischer Fuchsschwanz** hat genug Energie, um gleich mehrere Bretter oder einen dicken Balken auf einmal exakt durchzusägen. Eine zusätzliche Staubabsaugvorrichtung sorgt für saubere Schnittstellen.

SICHERHEITSTIP
Damit nicht eventuell aufwirbelnde Späne in Ihre Augen kommen, sollten Sie beim Sägen eine Schutzbrille tragen.

6 + 7 Die elektrische Stichsäge ist eine sehr vielseitige und wendige Säge. Zum Sägen von Rundungen und kreisförmige Ausschnitten ist sie unentbehrlich. Zubehörteile wie transparenter **Abdeckschutz, Fußplatte** und **Parallelanschlag** sowie **Kreisschneidevorrichtungen** ermöglichen einen universellen Einsatz. Mit einer Vielzahl verschiedener **Sägeblätter** erhalten Sie die unterschiedlichsten Schnittergebnisse von grob bis fein. Das beson-

Grundkurs: Trennen

ders schmale **Kurvensägeblatt** eignet sich zum Sägen sehr enger Kurven. Wenn Sie ganze Kreise aus einer Platte sägen möchten, bohren Sie in das Abfallteil ein Loch, in dem Sie die Stichsäge ansetzen können. Dann setzen Sie die Säge mit der Vorderkante des Sägeschuhs am Werkstück auf und klappen diese vorsichtig nach unten. Grundsätzlich sollten Sie die Säge immer erst einschalten, wenn der Schuh fest auf dem Werkstück sitzt. Um Verletzungen zu vermeiden, dürfen Sie bei eingeschalteter Säge nie das Sägeblatt aus dem Schnittspalt ziehen.

8 Eine **elektrische Handkreissäge** ist unersetzlich, wenn Sie viel handwerken. Mit einer zusätzlichen **Führungsschiene** gelingen perfekte Schnitte und Linien. Die Maschine erfordert wenig Kraftaufwand.

9 Kreise lassen sich auch mit einem **Lochsägeaufsatz** für elektrische Bohrmaschinen in einem Sägeschnitt sägen. Solche Aufsätze gibt es in verschiedenen Durchmessern.
Ein Ständer mit **Tiefenanschlag**, in dem die Bohrmaschine eingespannt wird, ist sehr hilfreich.

4

7

5

8

6

9

Grundkurs: Spantechnik

Hobeln, Feilen, Schleifen

1

4

2

5

3

6

Hobeln
1 Unter **Hobeln** versteht man das „Abmessern„ oder „Putzen" von Holz. Dabei werden **sägerauhe Holzoberflächen** glattgehobelt und **Kanten** entschärft oder nachgehobelt. Hobeln will gelernt sein.

Deshalb sollten Sie, bevor Sie an den eigentlichen Werkstücken hobeln, erst an Verschnitthölzern üben. Zum Hobeln muß das **Werkstück** gut mit Schraubzwingen befestigt werden. Setzen Sie den Hobel flach an der hinteren Brettkante auf. Rechtshänder umgreifen dabei mit der linken Hand den Griff und mit der rechten das Hobelende. Jetzt stoßen Sie den Hobel mit Schwung bis über die vor-

> **SICHERHEITSTIP**
> Damit Sie sich beim Arbeiten mit sägerauhem Holz keine Splitter unter die Haut stoßen, sollten Sie Handschuhe tragen.

dere Brettkante hinaus. Der Bewegungsablauf sollte gleichmäßig und durchgehend sein. Der Hobel muß auf dem Holz gleiten. Er darf nicht rucken, stocken oder gar hüpfen.

Grundkurs: Spantechnik

2 Zum Einstellen des **Hobels** benötigen Sie einen Hammer. Mit diesem schlagen Sie auf den **Schlagknopf.** Dadurch löst sich das **Hobeleisen** etwas. Damit es aber nicht ganz locker wird, müssen Sie anschließend auch auf den **Holzkeil** schlagen. Ein leichter Schlag auf das Eisen bewirkt, daß der Hobel mehr **Span** abnimmt. Anschließend wieder auf den Holzkeil schlagen. Falls das **Messer** schief ist, können Sie es mit seitlichen Schlägen korrigieren. Ein Blick über die **Hobelsohle** verrät Ihnen den Messerüberstand und ob es gerade steht.

7

3 Wer viel mit sägerauhem Holz arbeitet, für den lohnt sich die Anschaffung eines **Elektrohobels**.

Raspeln und Feilen
4 Kanten lassen sich mit einer **Handraspel** entschärfen und formen. Die Oberfläche einer **Raspel** besteht aus kleinen Zähnen von fein bis grob. Raspeln gibt es flach, halbrund und rund. Die Raspel wird in beide Hände genommen, wobei die rechte Druck auf die Feile ausübt. Handraspeln haben den Vorteil, daß sich mit ihnen sehr präzise arbeiten läßt, und daß man mit ihnen auch an enge Stellen kommt.

8

Grundkurs: Spantechnik

Hobeln, Feilen, Schleifen

Schleifen
Das Schleifen von Holzoberflächen kann aus verschiedenen Gründen erforderlich sein. Wie etwa um Unebenheiten, rauhe Stellen oder Leim- und Farbreste zu entfernen und um das Holz auf weitergehende Oberflächenbehandlungen wie Beizen oder Streichen vorzubereiten.

5+6 Mit **Exzenter-** oder **Bandschleifer** werden die ersten Schleifdurchgänge durchgeführt. Dabei geht man meist von drei Durchgängen aus und stuft die Körnungen jeweils von 80-100, 120-150, 180-220 ab.

7 Nachgearbeitet wird dann mit dem **Schwingschleifer.** Absaugevorrichtungen bieten den Vorteil, daß die feinen Späne gleich weggesaugt werden.

8 Der kleine **Deltaschleifer** hat einen spitz zulaufenden Schleifaufsatz, mit dem Sie gut in enge Winkel und Rundungen kommen. Ein spezieller Aufsatz ermöglicht sogar das Abschleifen von Lamellen.

9 Es gibt auch **Schleifvorsätze** für **Multisägen**, mit denen Sie rauhe Oberflächen und Kanten an schwer zugänglichen Rundungen bearbeiten können.

9

10 Kleine Oberflächen und Abrundungen können Sie per Hand schleifen. Hierfür nehmen Sie einen kleinen **Klotz** aus **Holz** oder **Kork**, den Sie bequem in die Hand nehmen können, legen **Schleifpapier** herum und streichen damit in Faserrichtung über das Holz. Bei Weichhölzern wie Lärche, Kiefer oder Fichte verwenden Sie 120er bis 150er Papier. Für feinporiges Laubholz wie Buche oder Ahorn können Sie bis zu 220er Papier verwenden.

10

Grundkurs: Spantechnik

Profile Drechseln

1 Das A und O zum Drechseln ist eine **Drechselbank**. Hier werden die zu bearbeitenden Holzstücke eingespannt. Antriebsmotoren, deren Geschwindigkeit regelbar ist, bringen das Holz zum Drehen. Die Anschaffung lohnt sich nur, wenn Sie viel drechseln.

2 Wer nur gelegentlich mal was drechseln möchte, für den lohnt sich eine **Drechselvorrichtung**, die an der Werkbank befestigt und mit einer normalen **Bohrmaschine** angetrieben wird.

3 Zum Formen des Holzes gibt es spezielle Drechseleisen. Die Abbildung zeigt v.l.n.r.: 1+2 sind **Schlichtstähle**, die zum Abnehmen eines dünnen Spans von einer größeren Fläche verwendet werden. Sie sollten stets gut geschliffen sein. 3 Mit der **Schruppröhre** wird ein eckiger Rohling zu einem Zylinder geformt. 4 Die **Formröhre** ist etwas schmaler und wird für konkave und konvexe Formen verwendet. 5-7 **Absetzstähle** braucht man für tiefgesetzte Kanten, Platten und Kerben.

4 Das Drechselholz muß bei einer Stärke bis zu 6 cm als Vierkantholz zubereitet sein. Haben Sie ein

1

5

2

6

3

7

4

8

Grundkurs: Spantechnik

Profile Drechseln

9

10

11

12

dickeres Teil zu bearbeiten, müssen Sie es zu einem Achtkant zurichten. Auf beiden Endseiten wird eine Diagonale eingezeichnet, die mit einer **Feinsäge** 3 mm tief eingesägt wird.

5 Beim Einspannen des Holzes mit dem **Holzklüpfel** müssen Sie darauf achten, daß die Zentrierspitze sich in dem Diagonalmittelpunkt und die Zacken sich in den eingesägten Linien befinden.

6 Die **Körnerspitze** am Reitstock wird mit dem Handrad herausgedreht, bis sie fest am Holz sitzt. Anschließend wird das Rad eine Achtelumdrehung zurückgedreht. Die Spitze dreht sich nicht mit. Daher ist es ratsam, etwas Wachs oder Öl zur Schmierung aufs Holz zu geben.

SICHERHEITSTIP

Bevor Sie mit dem Drechseln beginnen, sollten Sie stets kontrollieren, ob der Reitstockfeststellriegel und die Körnerspitze fest angezogen sind. Damit wird gewährleistet, daß sich das Werkstück nicht lösen kann.

7 Dann beginnen Sie mit dem Runddrehen des Holzes, auch „Schruppen" genannt. Hierfür benutzen Sie die **Schrupphöhre** und beginnen an einem Ende. Sie setzen die Röhre im 45-Grad-Winkel zum Werkstück auf die Auflage und drücken sie und nach vorn in das Holz. Sie drehen das Holz soweit ab, bis der gewünschte Durchmesser erzielt ist. So arbeiten Sie bis zur Mitte des Werkstückes.

8 Sobald Sie den gewünschten Holzdurchmesser erreicht haben, wird die Oberfläche mit dem **Schlichtstahl** geschlichtet, d.h. feine Späne abgenommen. Durch diesen Arbeitsgang wird das Holz schön glatt.

9 Nach dem Schlichten markieren Sie mit **Bleistift** oder **Stechzirkel** die Einteilung der gewünschten Profile. Kerben, Platten oder Kehle werden mit dem **Drehmeißel** vorgearbeitet. Für eine Kerbe (g) müssen Sie die lange Spitze gegen das Werkstück führen. Der Einstich zeigt zur Mitte der Kerbe. Arbeiten Sie von beiden Seiten und wiederholen Sie den Vorgang je nachdem, wie tief die Kerbe werden soll.

Grundkurs: Spantechnik

10 Platten (f) arbeiten Sie mit dem **Abstechstahl** aus und stechen die seitlichen Wangen ab. Je nach Plattenbreite benötigen Sie entsprechend breite Eisen.

11 Für Hohlkehlen (h) arbeiten Sie eine Kerbe vor. Anschließend drehen Sie die Formröhre seitlich, so daß sie auf einer Wange aufliegt. Jetzt führen Sie die Mitte der Schneide an das Holz heran.

12 Erhabene Formen führen Sie mit einem **Drehmeißel** aus. Auch hier muß vorher die gewünschte Breite

13

angezeichnet werden. Bei einem Spitzstab stechen Sie mit der Spitze des **Meißels** die Form ab und nehmen das seitliche Material weg.

13 Der Rundstab (c) wird ebenso gearbeitet. Nur muß hierbei der **Meißel** so gedreht werden, daß die runde Form entsteht.

Das Drechseln bedarf einiges an Übung.

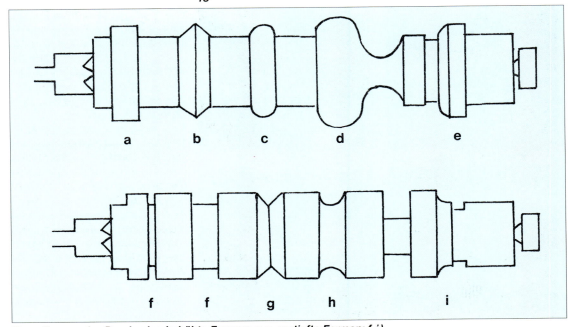

Grundformen des Drechselns (erhöhte Formen: a-e, vertiefte Formen: f-i)

Grundkurs: Spantechnik

Schnitzen, stechen und stemmen

1

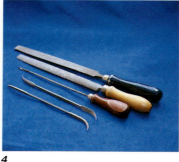
4

Schnitzen
1 Zum Schnitzen verwendet man **Stechbeitel** in verschiedenen Breiten.

2-4 Ergänzende Werkzeuge sind **Hohleisen, Bohrer, Geißfuß, gebogene** und **gekröpfte Eisen** sowie verschiedene **Raspeln.**

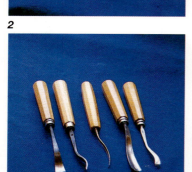
2

5

5 Beim Schnitzen kommt es darauf an, das **Werkzeug** mit beiden Händen zu halten. Eine Hand übt Druck auf das **Eisen** aus, um Material wegzuarbeiten. Die andere führt es und verhindert durch leichten Gegendruck, daß das Eisen abrutscht und zuviel Holz abschabt. Das gelingt Ihnen am besten, wenn Sie die Führungshand mit dem Ballen aufstützen. Die andere Hand regelt die **Schnittiefe**, indem sie den **Schnitzwinkel** bestimmt.

6 Neben der richtigen Handhabung des Schnitzwerkzeuges spielt auch der **Faserverlauf** des Holzes eine wichtige Rolle für das Gelingen Ihrer Arbeit. Am einfachsten gelingt das Schnitzen quer zur Faser. Die **Faserverbindungen** werden dabei exakt durchtrennt. Dadurch entstehen saubere **Schnitzkanten.**

Grundkurs: Spantechnik

7 Dagegen kann man beim Schnitzen längs der Faser oft auf Schwierigkeiten stoßen. Bei welligem Faserverlauf kann es passieren, daß das Holz ausreißt. Hier müßten Sie dann das Werkzeug ganz vorsichtig entgegen der ursprünglichen **Schnitzrichtung** führen.

8 Kerbschnitzereien sind relativ einfach. Hier geht es darum, ein Muster in das Holz zu arbeiten. Zuerst zeichnen Sie mit einem weichen **Bleistift** das gewünschte Muster auf das Holz.

9 Dann stechen Sie an der Stelle, die am tiefsten werden soll, ein. Wählen Sie hierfür ein in der Breite exakt passendes **Eisen.** Ein Schlag auf den Holzgriff genügt meist, und das Eisen bohrt sich ins Holz. Je nach Muster arbeiten Sie zuerst alle senkrechten Stiche aus und nehmen anschließend die Späne heraus.

SICHERHEITSTIP
Um Verletzungen zu vermeiden, sollten Sie beim Schnitzen und Stemmen immer vom Körper weg arbeiten.

7

8

9

Grundkurs: Spantechnik

Stemmen

10 Tiefe Auskerbungen oder Durchstöße werden mit dem **Stechbeitel** gemacht. Beim Stemmen müssen Sie ziemlich kräftig mit dem Klüpfel oder Hammer schlagen. Deshalb sollte das Werkstück auf einer schwingungsfreien Unterlage gut befestigt werden. Den auszustechenden Bereich zeichnen Sie mit einem **Bleistift** genau an. Das **Stechbeitel** wird dann im flachen Winkel angesetzt. Die schräg abgeschliffene Seite (Fase) zeigt dabei nach unten. Schlag für Schlag wird das Holz in Spanform weggestemmt. Das Arbeiten mit einem **Schreinerklüpfel** wäre hier von Vorteil, da Sie mit ihm leichter treffen. Zudem federt er die Schläge besser ab als ein Hammer. Falls Sie mit einem Hammer schlagen, müssen Sie vorsichtiger sein und sehr auf Ihre Finger achten. Für tiefere Auskerbungen setzen Sie die **Stechbeitelklinge** so an, daß die schräge Seite zum Abfallteil des Werkstücks zeigt. Das Stechbeitel steht dabei senkrecht und Sie schlagen von oben.

11 Wenn Sie ein Loch ausstemmen möchten, sollten unter das Werkstück ein **Abfallholz** legen. Das schützt die Werkbank vor dem scharfen Eisen. Das **Ausfasern** der Holzoberfläche können Sie vermeiden, indem Sie sich von beiden Seiten aus ins Innere des Werkstückes vorarbeiten. Hierfür zeichnen Sie die **Durchbruchstelle** auf beiden Seiten mit **Bleistift** deutlich an.

SICHERHEITSTIP
Achten Sie bei allen Ihren Heimwerkerarbeiten sorgfältig darauf, daß der Hammer immer fest am Stil sitzt. Bei ersten Anzeichen von Lockerung sofort reparieren

10

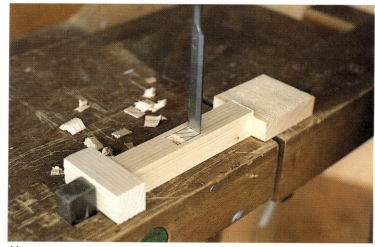

11

Grundkurs: Spantechnik

Fräsen

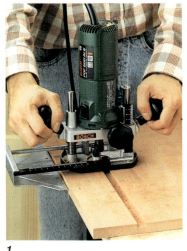

1

1 Die elektrische **Oberfräse** hat sehr hohe Drehzahlen, die es ermöglichen, kleine Bohrer durchs Holz und auch durch andere Materialien zu treiben. Mit einer Oberfräse können Sie Falzen und Nuten herstellen, Auskerbungen für Scharniere und Kanten formen. Die hohe Schnittgeschwindigkeit ruft am Werkzeug und am Material hohe Temperaturen hervor. Fräsen Sie deshalb zügig, ohne den **Vorschub** zu erhöhen. Bei zu großem Vorschub oder wenn Sie mit der Fräse zu lange an einer Stelle verharren, können Brandflecken entstehen. Üben Sie lieber an einem Stück Abfallholz, bevor Sie sich an das Original machen. Das zu bearbeitende Holz muß unbedingt fest verschraubt werden. Am besten, Sie spannen es in eine Werkbank ein oder Sie behelfen sich mit Klemmzwingen. Zusatzvorrichtungen wie **Parallelanschlag, Frästiefenregulierung** und **Fräsbreitenskala** ermöglichen ein exaktes Arbeiten.

Eine kleine Auswahl von Fräsern:
2 Bündigfräser mit Lager zum Fräsen von Furnieren, Beschichtungen oder Auflagen mit Holz.

3 Nutfräser für unterschiedlich breite und tiefe Nuten.

4 Grat- und Zinkenfräser für feste Holzverbindungen.

5 1/4-Stab- und Abrundfräser fürs saubere Abrunden von Kanten, gibt es mit Zapfen oder mit Kugellager.

6 Falzfräser mit Zapfen oder Kugellager zum Bau von Eckverbindungen und Schubladen.

7 Profilfräser für Kanten und Leisten.

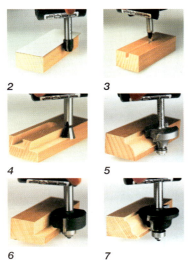

2 *3*
4 *5*
6 *7*

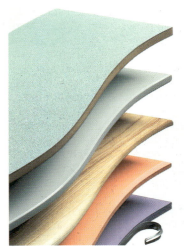

Schöne Kanten dank einer Oberfräse

Grundkurs: Verbindungstechnik

Bohren, schrauben, nageln

Bohren
In Holz wird meist gebohrt, um Löcher für **Schraubverbindungen** vorzubohren oder Einstichlöcher für die Stichsäge zu schaffen. Schraubverbindungen vorzubohren hat den Vorteil, daß die Schrauben eine bessere Führung erhalten und daß das Holz nicht so leicht aussplittert. Der Durchmesser des Vorloches sollte halb so stark wie der der Schraube sein. Die Stelle, in die Sie bohren möchten, kennzeichnen Sie mit einem Kreuz. Am **Kreuzpunkt** wird dann der Bohrer angesetzt.

1 Wenn Sie viel basteln und bohren, lohnt sich die Anschaffung eines **Bohrständers.** Hier wird die Bohrmaschine eingespannt und über das Werkstück geschwenkt.

Ein **Tiefenanschlag** reguliert die Bohrtiefe. Beim Durchbohren eines Werkstückes ist es ratsam, ein Holzbrett unter das Werkstück zu legen, damit das Holz auf der unteren Seite des Bohrloches nicht ausfranst.

Schrauben
2 Normalerweise benutzt man zum Eindrehen von Schrauben einen **Handschraubenzieher**. Die Wahl der Form richtet sich nach dem **Schraubenschlitz.** Es ist nicht immer einfach per Hand gerade zu schrauben, da die Holzfasern die Spitze ablenken. Zudem ist das Schrauben in Hartholz etwas mühsam. Wer viel schraubt, sollte die Anschaffung eines **Elektroschraubendrehers** nicht scheuen. Die Akkugeräte liegen gut in der Hand. Ein Rechts-Linkslauf erleichtert die Arbeit. Aber

1

2

Grundkurs: Verbindungstechnik

auch Bohrmaschinen mit Rechts-Linkslauf eignen sich zum Ein- und Ausdrehen von Schrauben.

3 Spanplattenschrauben (Spax) lassen sich ohne vorbohren direkt ins Holz treiben. Sie brauchen nur die Schraube auf den Schraubendreher, dann die Schraubenspitze auf die gewünschte Schraubstelle zu setzen und den Schraubendreher starten. **Scharniere** und **Winkeleisen** lassen sich damit ohne großen Aufwand direkt anschrauben.

4 Möchten Sie Schraubenköpfe versenken, müssen Sie das Loch mit einem **Austreiber** entweder manuell oder mit einem speziellen Aufsatz mit der Bohrmaschine trichterförmig erweitern. Anschließend wird die Schraube eingedreht und etwa 2-3 mm versenkt. Versenkte **Schraubverbindungen** sehen an manchen Möbeln sogar recht dekorativ aus. Sie können die Mulde auch mit **Holzkitt** ausspachteln. Die ebenmäßige Oberfläche kann dann gestrichen werden.

Nageln

5 Die einfachste und schnellste Methode Holz zu verbinden, ist das Nageln. Um den Schwung des Hammers am besten zu nutzen, halten Sie diesen am Griffende.

6 Eine Nagelverbindung hält wesentlich besser, wenn Sie die **Nägel** schräg zueinander einschlagen.

7 Nägel lassen sich mit einem **Versenkstift** versenken. Die entstandene Mulde wird mit **Holzkitt** gefüllt und verspachtelt.

5

3

6

4

7

Grundkurs: Verbindungstechnik

Holzdübel setzen

1

2

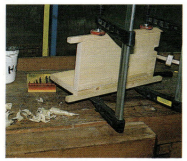

3

1 Als erstes zeichnen Sie die **Dübelpunkte** mit Bleistift an. Der Abstand der einzelnen Dübel sollte etwa 10 bis 15 cm betragen. Dann bohren Sie mit einem **Holzbohrer** die Dübellöcher. Wenn Sie die Dübelverbindung verleimen möchten, sollten die Löcher etwa 3-4 mm tiefer als eine halbe Dübellänge sein, damit der Leim noch Platz dazwischen hat. Die Dübelgröße richtet sich nach den zu verbindenden Brettern. Der Dübeldurchmesser sollte bei dünneren Brettern ein Drittel und bei dickeren etwa die Hälfte der Brettstärke betragen. Achten Sie darauf, daß die Dübel die verbleibende **Holzwand** nicht durchstoßen. Damit die Löcher alle einheitlich tief werden, benutzen Sie am besten einen **Tiefenanschlag** an der Bohrmaschine. Die **Bohrergröße** entspricht dem **Dübeldurchmesser.** Nachdem die Dübellöcher auf einem Teil gebohrt wurden, übertragen Sie die Position der Löcher auf das Gegenstück. Die Dübellöcher müssen später exakt gegenüberliegen. Dafür gibt es spezielle Dübellehren im Baumarkt zu kaufen, die sehr hilfreich sind.

2 In der Regel sitzen **Dübelverbindungen** ziemlich fest. Doch bei Werkstücken, die Belastungen ausgesetzt sind, sollten Sie die Dübelverbindung vorsichtshalber **verleimen.** Mit einem kleinen **Holzstäbchen** geben Sie Holzleim in die Dübellöcher und verteilen ihn gleichmäßig an den Lochwänden. Damit Sie den Dübel nicht zu tief in das Loch stecken, markieren Sie vorher an der Längsseite des Dübels die Mitte mit Bleistift. Dann stecken Sie den Dübel fest und schlagen ihn vorsichtig mit einem Hammer bis zur Markierung ein. Jetzt streichen Sie die gegenüberliegenden Dübellöcher mit Leim ein, fügen die Dübel in die Löcher und schlagen vorsichtig mit einem Holzhammer die Teile zusammen. Mit **Beilagen** aus Hartholz schützen Sie dabei das Möbelstück. Falls Leim aus den Fugen tritt, wischen Sie ihn mit einem feuchten Tuch sofort weg.

PROFITIP
Falls Ihre Bohrmaschine keinen Tiefenanschlag hat, können Sie mit einem leuchtenden Farbstift den Bohrer anzeichnen. Der Strich bleibt beim Bohren sichtbar.

3 Zum Schluß pressen Sie die **Leimverbindungen** mindestens 30 Minuten mit Schraubzwingen zusammen.

Grundkurs: Verbindungstechnik

Verleimen und pressen

1 Bevor Sie mit dem Verleimen einzelner Teile beginnen, sollten Sie sich das **Handwerkszeug** griffbereit zurechtlegen. Der Leim trocknet schnell und Sie müssen zügig handeln. Bei größeren Teilen sollten Sie sich von einer weiteren Person helfen lassen. Zum **Verleimen** von Holz und Holzbauplatten verwenden Sie speziellen Holzleim. Ferner benötigen Sie Klemm- und Schraubzwingen. Eine alte Zeitung als Unterlage schützt die Werkbank vor Klebspuren.

2 Die Klebeflächen müssen trocken, staubfrei und sauber sein. Der Leim wird auf beide **Klebekanten** aufgetragen. Es ist wichtig, den Leim auf der gesamten Berührungsfläche beider Teile zu verteilen. Um Leim auf größeren Flächen zu verteilen, verwenden Sie einen **Pinsel** oder **Spachtel.** Unmittelbar nach dem Auftragen (der Leim sollte noch feucht sein) fügen Sie die Teile zusammen. Herausquellender Kleber ist ein Zeichen dafür, daß der Kleber wirklich überall hingekommen ist.

3 Den überschüssigen Leim, der beim Zusammenpressen herausquillt, wischen Sie sofort mit einem **feuchten Tuch** weg. Später läßt er sich nur noch mit **Aceton** oder **Nitrolack-Verdünner** entfernen.

4 Nach dem Verleimen sollten Sie das Werkstück mit **Klemm-** und **Schraubzwingen** fixieren. Legen Sie kleine gehobelte Holzstücke oder Holzleisten **(Zulagen)** zwischen Holz und Klemmen. Das schützt vor unliebsamen Dellen im Holz. Die Schraubzwingen setzen Sie so an, daß von zwei gegenüberliegenden Seiten **Druck** auf die Klebestelle ausgeübt wird. Achten Sie darauf, daß kein Leim an die Zulagen gerät, sonst kleben diese später an Ihrem Werkstück fest. Die Zwingen bleiben mindestens 30 Minuten stramm am Werkstück. Großflächige Leimungen benötigen eine längere **Preßzeit.** Solange der Leim nicht ausgehärtet ist, können Sie noch korrigieren.

2

3

1

4

Grundkurs: Verbindungstechnik

Scharniere und Zinkverbindungen

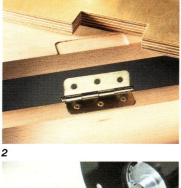

Scharniere

Sie müssen oberflächenbündig versenkt werden. Das bedarf kleiner Auskerbungen, die Sie dafür erst machen müssen.

1 Legen Sie das Scharnier auf die Tür sowie auf das Schrankseitenteil. Mit Bleistift zeichnen Sie die **Konturen** nach, um später hier die Auskerbung zu machen. Beachten Sie dabei, daß Scharniere etwa 5 cm vom unteren **Schrankwinkel** nach oben und vom oberen Schrankwinkel 5 cm nach unten plaziert werden. Bei längeren Türen sollten Sie ein weiteres Scharnier in der Mitte anbringen. Mit **Stechbeitel** und **Hammer** stemmen Sie vorsichtig Holzspäne ab. Nehmen Sie anfangs weniger weg und feilen Sie lieber mit einer **Holzfeile** nach. Die Auskerbungstiefe entspricht der Metallstärke des Scharniers. Nehmen Sie zuviel Holz weg, sitzt die Tür locker und wackelt nach ein paarmal auf- und zumachen. Mit Schrauben befestigen Sie dann das Scharnier zuerst an der Tür und dann am Schrank.

2+3 Wenn Sie mehrere Türen befestigen wollen, lohnt es sich, die Auskerbungen mit einer **Schablone** und einer **Oberfräse** auszuarbeiten.

Gesteckte Verbindungen

1 Hier werden die **Kanten** der zu verbindenden Teile so geformt, daß sie ineinandergesteckt werden können. Um auf Nummer Sicher zu gehen, können sie auch verleimt werden. Je nach Art - es gibt **Schlitz-** und **Zapfenverbindungen** sowie **Zinken-** und **Schwalbverbindungen** - werden diese ausgesägt oder ausgestemmt. Zum Sägen verwenden Sie eine **Fein-, Band-** oder **Stichsäge.** Gestemmt wird mit **Stechbeitel** und **Klüpfel**. Die Trennlinien müssen sehr präzise angezeichnet werden. Die Seitenlinien der Zinken werden eingesägt, dann die Zwischenräume für die Schwalben ausgestemmt. Das fertige Teil wird bündig an das Schwalbenteil gestellt, und die Maße der Schwalben werden mit Bleistift übertragen und ausgesägt.

Grundkurs: Oberflächenbehandlung

Imprägnieren, Grundieren, Lasieren und Lackieren

Imprägnieren
1 Rohholz können Sie mit einer Holzschutz-Imprägnierung aus Borsalz gegen Schädlingsbefall schützen. Meist ist eine 5%ige Lösung, 5 Teile Borsalz und 95 Teile Wasser, nötig. Zuerst wässern Sie das Holz und bringen in zwei bis drei Arbeitsgängen die Borsalzlösung mit einem Pinsel in das Holz.

2 Damit die Lösung möglichst tief eindringt, sprühen Sie die Oberfläche mit Wasser ein. Das beseitigt gleichzeitig eventuelle Salzreste. Anschließend das Werkzeug ebenfalls mit Wasser reinigen. Das Holz gut trocknen lassen.

Grundieren
3 Eine Grundierung bewirkt, daß sich die Poren des Holzes füllen. Das gleicht die unterschiedliche Saugfähigkeit des Holzes aus und schafft die Basis für einen nachfolgenden, filmbildenden Anstrich. Damit die behandelnde Oberfläche nicht klebrig wird, sollten Sie kurz nach der Verarbeitung das nicht eingedrungene Grundiermittel mit einem Lappen wegnehmen. Anschließend das ganze 2 Stunden trocknen lassen. Die angerauhte Oberfläche sollte etwas abgeschliffen werden.

Lasieren
4 Auf das geschliffene Holz wird mit einem Pinsel eine Lasur, z.B. aus Naturharzöl, aufgetragen. Diese benötigt etwa 24 Stunden zum Trocknen. Die Oberfläche wird schön gleichmäßig, wenn Sie sie zwischendurch etwas abschleifen. Das entfernt hochstehende Holzfasern und vermeidet dadurch Pigmentanreicherungen.

Lackieren
Zuerst wird das Holz geschliffen und grundiert. Schadstellen können Sie mit Holzkitt ausspachteln. Vor dem Auftragen muß die Farbe gut mit einem Holzstäbchen gerührt werden, damit sich die Pigmente verteilen. Eine Decklackschicht macht die Holzmaserung unsichtbar. Sie besteht aus mindestens zwei Anstrichen.

1

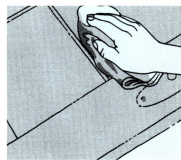

3

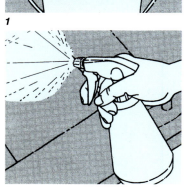

2

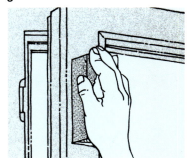

4

Arbeitsanleitung: Klappstuhl

Ein wahres Designerstück für Ihre Wohnung

Menge	Bezeichnung	Maße	Material
2	Seitl. Holme, lang/Vorderbein	1140 x 55 x 25	Multiplex
2	Seitl. Holme, kurz/Hinterbein	670 x 55 x 25	
1	Sitz	ø 400 x 25	
1	Nackenrolle	ø 120 x 190	Schaumstoff
13	Leitersprossen	ø 25 x 190	Buche massiv
4	Fußrollen	ø 55 x 60 (85)	Multiplex
1	Sprosse/zwischen Hinterbein	ø 25 x 244	Buche massiv
2	Befestigungskeile	120 x 46 x 25	Multiplex
2	Feststellhaken	145 x 25 x 50	
24	Dübel	ø 15 x 60	Holz
6	Hutmuttern	ø 8 x 40	Stahl
10	Unterlegscheiben	M 8	
1	Gewindestange	8 x 20 x 1,5	
2	Gewindestange	M 8 x 60	

Schwarzer Stoff 30 x 20 cm, Farbe und Holzwachs

Material
siehe Tabelle.

Werkzeuge

Schwierigkeitsgrad
0 1 2 3

Kraftaufwand
0 1 2 3

Arbeitszeit
Für diesen Klappstuhl brauchen Sie etwa 20 Stunden.

Ersparnis
Sie sparen rund 200.– DM.

Dieser **Klappstuhl** sieht nicht nur toll aus, er ist höhenverstellbar und somit auch vielseitig verwendbar. Als einzelnes **Designerstück** zieht er alle Blicke auf sich. Und wenn Sie gerne viele Gäste haben, lohnt es sich, gleich mehrere davon zu bauen. Denn der Stuhl läßt sich schmal zusammenklappen und nach Gebrauch gut verstauen. Damit ist er gerade auch für kleinere Wohnungen gut geeignet, wo sich nicht immer benutzte Möbel so klein wie möglich machen müssen.

Arbeitsanleitung: Klappstuhl

Sieht edel aus: Naturholz mit Schwarz kombiniert

Arbeitsanleitung: Klappstuhl

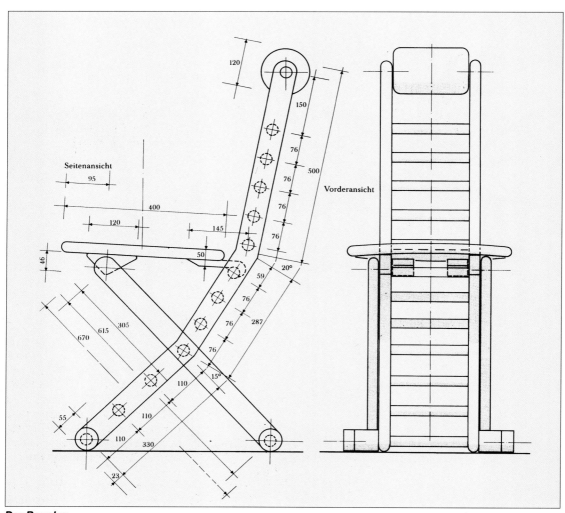

Der Bauplan

Arbeitsanleitung: Klappstuhl

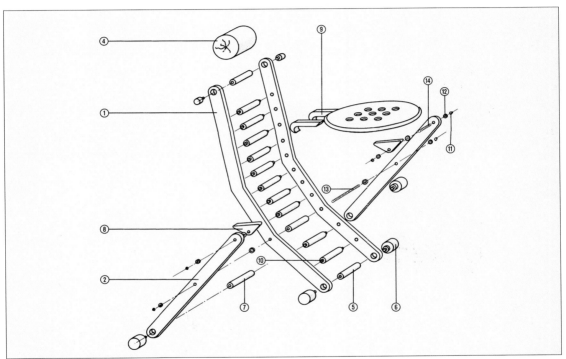

So wird der Stuhl zusammengebaut

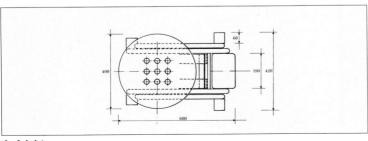

Aufsicht

1 Zuerst übertragen Sie den Bauplan maßgerecht auf die Platten. Die geraden Teile sägen Sie mit einer **Kreissäge** aus. Eine **Führungsschiene** ist dabei sehr hilfreich. Für die Rundungen verwenden Sie lieber eine **Stichsäge**.

2 Der tellerförmige Sitz gelingt Ihnen am bessten mit einer **Stichsä-**

Arbeitsanleitung: Klappstuhl

1

2

3

4

ge mit **Kreisschneidevorrichtung**. Die Zierlöcher sollten Sie von beiden Seiten durchbohren, damit sie nicht ausfransen. Zum Bohren verwenden Sie einen **Forstnerbohrer** mit 25 mm Durchmesser.

3 Mit einem **Bandschleifer** arbeiten Sie nun alle Teil nach. Damit die Abrundungen und Kanten möglichst formgerecht herauskommen, schleifen Sie zuerst mit der 80er **Körnung** größere Unebenheiten ab. Mit einer 320er bis 400er **Körnung** versäubern Sie anschließend.

4 Jetzt fräsen Sie an alle Teile abgerundete Zierkanten mit einem **1/4-Stab-Fräser** mit Kugellager (9,5 mm-Radius). Nur die später unter dem Sitz verschraubten Befestigungskeile und Feststellhaken brauchen nicht abgerundet zu werden.

5 Die **Bohrungen** in den Holmen erfordern zwei Arbeitsstufen. Zuerst bohren Sie 3 mm tief mit dem **Forstner-Bohrer** (ø 25 mm) vor. Dann in die so entstandene Zentrierung mit dem **Holzbohrer** (ø 15 mm) eine fast durchgehende Bohrung anbringen. Stellen Sie den **Tiefenanschlag** so ein, daß die Holzrückseite unverletzt bleibt.

Arbeitsanleitung: Klappstuhl

6 Zum Aufbohren der Leitersprossen arbeiten Sie am besten mit einer **Klemmvorrichtung** und einem **Zentrierwinkel.** An den Sprossen zeichnen Sie exakt die Mitte an und machen 40 mm tiefe **Bohrungen** (ø 15 mm). Anschließend setzen Sie die mit **Holzleim** bestrichenen **Dübel** in die Löcher. Die Bohrung für die **Gewindestange** bekommt einen Durchmesser von 6 mm. Bohren Sie hierfür von beiden Seiten. Um eine Sprosse wickeln Sie jetzt den **Schaumstoff** für die Nackenrolle. Aus schwarzem **Baumwollstoff** nähen Sie einen Schlauch mit Tunnelzug an beiden Enden und beziehen den Schaumstoff damit.

5

6

7 Für die Fußrollen ziehen Sie **Sperrholzscheiben** auf eine **Maschinenschraube** und drechseln sie in die benötigte Größe. Damit Ihnen bei allen Rollen exakt der gleiche Durchmesser gelingt, lassen Sie die erste fertige Rolle auf der **Drechselbank**, ziehen eine weitere Scheibe auf und drechseln diese auf das gleiche Maß wie die Musterrolle. Jetzt werden alle Teile ganz nach Wunsch gestrichen oder gewachst. Beim Zusammenmontieren wird zuerst die „Leiter" verleimt und anschließend die Teile nach Zeichnung verschraubt.

7

Arbeitsanleitung: Holzfußboden im Fischgrätenmuster verlegen

Ewiger Klassiker - ein Boden aus Parkett

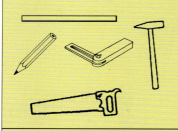

Material
Fertigparkettplatten, Rippenpappe, Holzleim, Holzkeile, feuchtes Tuch.

Werkzeuge

Schwierigkeitsgrad: 0 1 2 3

Kraftaufwand: 0 1 2 3

Arbeitszeit
Diese richtet sich nach der Zimmergröße. Für 20 qm brauchen Sie etwa 9 Stunden.

Ersparnis
Die benötigten Stunden x Handwerkerkosten. Etwa 450.– DM.

Fertigparkett läßt sich mit etwas Geschick ganz leicht selbst verlegen. Die einzelnen Verlegeteile sind so vorbehandelt und verarbeitet, daß sie sich weder akklimatisieren müssen, noch einer weiteren Behandlung wie schleifen und versiegeln unterziehen müssen. Sie werden schwimmend in **Nut und Feder** verlegt. Der neue Boden ist sofort nach dem Verlegen bewohnbar. Er eignet sich für **Neubauten** ebenso wie für **Renovierungsarbeiten.** Die Unterböden sollten eben, ausgetrocknet und fest sein. Geeignet sind z.B. Zementestrich, Gußasphalt, V 100 Verlegespanplatten, alte Bodenbeläge, zum Beispiel PVC-, Keramik- und kurzflooriger Teppichbelag.

1 Zuerst legen Sie sich das Werkzeug griffbereit zurecht. Danach packen Sie die einzelnen Fußbodenelemente aus und sortieren diese in rechte und linke Elemente.

2 Zur **Trittschalldämmung** und zum Ausgleich von kleinen Bodenunebenheiten wird eine 2,5 mm dicke **Rippenpappe** ausgerollt. Die Rippen zeigen nach unten.

3 Jetzt wird eine Doppelreihe aus sechs bis acht Elementen verleimt. Die wandseitigen Kanten sollten Sie vor dem Verlegen auf 45 Grad zuschneiden. Die einzelnen Elemente werden mit einem **Hammer** aneinandergefügt. Damit die Platten nicht beschädigt werden, legen Sie eine Aluleiste dazwischen.

4 Zum Verleimen wird der flüssige **Holzleim** auf die obere **Nutwange** gegeben. Nicht zu viel und nicht zu wenig. Nach den ersten Platten bekommen Sie rasch ein Gefühl für die richtige Menge. **Leim**, der beim Zusammenfügen der Elemente an

1

2

Arbeitsanleitung: Holzfußboden im Fischgrätenmuster verlegen

Holzböden lassen sich in verschiedenen Mustern verlegen

Arbeitsanleitung: Holzfußboden im Fischgrätenmuster verlegen

3

4

der Bodenoberfläche herausquillt, sollten Sie sofort mit einem feuchten Tuch wegwischen.

5 Die verleimte Fläche wird jetzt in die Ecke eingepaßt, in der Sie mit dem Verlegen anfangen. Verlegt wird stets von der gegenüberliegenden Türseite in Richtung Zimmertüre. Fehlende Teilstücke zeichnen Sie mit Hilfe einer **Schmiege** an und sägen diese auf Länge ab. Der Boden sollte mit einem Abstand von 15 mm zur Wand verlegt werden. Damit dieser Abstand exakt eingehalten werden kann, setzen Sie am besten kleine **Holzkeile** zwischen jede Bodenplatte und Wand.

6 Die erste Doppelreihe wird jetzt entlang der Wand fertig verlegt.

5

Arbeitsanleitung: Holzfußboden im Fischgrätenmuster verlegen

7 Dann werden Reihe für Reihe linke und rechte Stäbe verlegt.

8 Bei Türübergängen kann mit Hilfe einer **Übergangsschiene** der benötigte Randabstand eingehalten werden. Bei durchgehender Verlegung in andere Räume muß ebenfalls eine Trennfuge vorgesehen werden. Diese läßt sich aus zwei gekonterten Übergangsschienen bauen.

9 Nach dem Verlegen entfernen Sie die Keile und schrauben die **Sockelleisten** an der Wand fest. Sockelleisten wegen der Dehnung nie am Fußboden befestigen.

7

6

8

9

Arbeitsanleitung: Kinderschaukel

Ein Dinosaurier für die Kleinen

"Dino" läßt Kinderherzen höher schlagen

Arbeitsanleitung: Kinderschaukel

Material
Siehe Tabelle

Werkzeuge

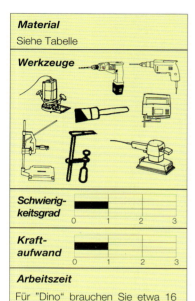

Schwierigkeitsgrad
0 – 1 – 2 – 3

Kraftaufwand
0 – 1 – 2 – 3

Arbeitszeit
Für "Dino" brauchen Sie etwa 16 Stunden.

Ersparnis
Sie sparen rund 200.– DM.

Menge	Bezeichnung	Maße mm	Material
5	Korpusteile	900 x 620 *	Fichte-Leimholz
6	Hinterbeine	290 x 195 *	18 mm dick
6	Vorderbeine	265 x 155 *	
4	Kufen	1080 x 250 *	
2	Böden	198 x 110	
4	Achslager	110 x 35	
4	Räder	ø 80	
2	Stützbretter	198 x 110 **	
1	Sitzplatte	200 x 160	
2	Achsen	240 lang	Buche ø 10 mm
1	Griffstange	290 lang	Buche ø 20 mm
2	Fußstützen	150 lang	

4 Sechskant-Schrauben M8 x 35 mit Scheiben; 4 Einschraubmuttern M8, DIN 7965; 4 Scheiben für M10; Holzdübel ø 8 x 40 mm oder Dübelstange ø 8 mm, Holzleim, speichelfeste Farbe
*) Rohmaße (siehe Rasterzeichnung);
**) die Lage der vier Durchgangsbohrungen entspricht denen in Teil 5; die vier Dübelsacklöcher entfallen bei der Kufen-Ausführung, dafür sitzen in jeder Stirnseite je drei Bohrungen.

Nicht erst seit die längst schon ausgestorbenen **Dinosaurier** ihre Wiedergeburt auf Kinoleinwänden feiern, sind die Riesen bei unseren Kleinen groß im Rennen. Die Säugetiere strahlen eine Faszination aus, für die Kinder schon immer sehr empfänglich waren. Mit etwas Geschick und dem richtigen Handwerkszeug können Sie so einen **Schaukel-Saurier** für Ihre Kinder selber bauen. Falls diese noch zu klein zum Schaukeln sind, können Sie ihn auch mit Rädern ausstatten und ziehen und je nach Bedarf später wieder umbauen.

Alle **Korpusteile** und die **Kufen** werden aus **Fichten-** oder **Kiefer-Leimholz** gebaut. Der Rumpf wird aus fünf, die Beine werden aus drei, die Kufen aus zwei Lagen **Leimholz** gebildet. Sein lustiges Aussehen erhält „Dino" durch speichelfeste Farben.

Arbeitsanleitung: Kinderschaukel

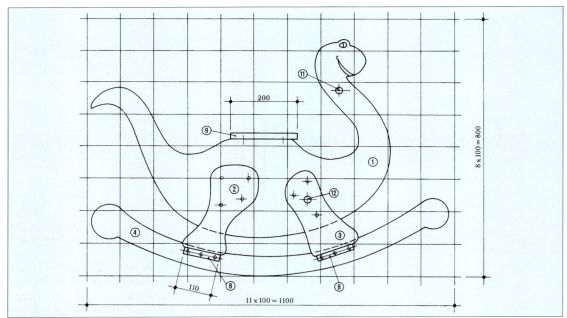

Der Bauplan

1 Für die mehrfach benötigten einzelnen Teile fertigen Sie sich am besten zunächst eine **Schablone** an. Übertragen Sie die Konturen der **Rasterzeichnung** maßgetreu auf eine **Sperrholzplatte** und sägen Sie diese aus. Jetzt legen Sie die **Sperrholzschablone** auf die **Leimholzplatten** und zeichnen die Konturen mit **Bleistift** nach. Mit einer **Stichsäge** mit Kurvensägeblatt schneiden Sie jedes Teil sauber aus.

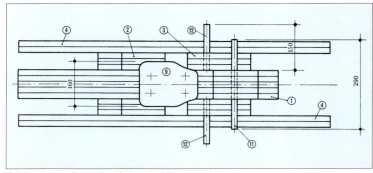

Schichtenaufbau des Schaukeldinosauriers

Arbeitsanleitung: Kinderschaukel

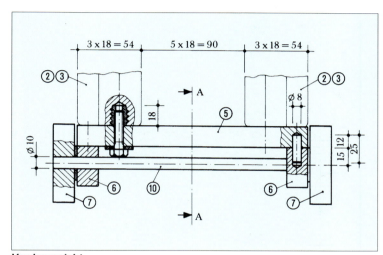

Vorderansicht

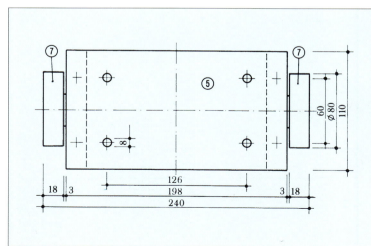

Aufsicht

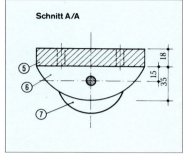

Schnitt A/A

2 Die fünf Lagen des Rumpfes streichen Sie mit **Holzleim** vollflächig ein, fügen diese zusammen und fixieren sie zum Trocknen des Leimes mit **Schraubzwingen**. Nach etwa 12 Stunden ist der Leim so fest, daß Sie den Rumpf weiterbearbeiten können. Mit einer **Oberfräse** und einem **1/4-Stabfräser** runden Sie die Kanten sauber ab. Verwenden Sie einen Fräser mit **Kugellager**.

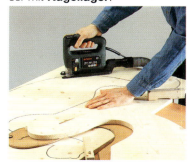

Arbeitsanleitung: Kinderschaukel

2

3

3 Falls in der Holzoberfläche kleine Fehlstellen vorhanden oder Späne ausgerissen sind, spachteln Sie diese mit **Holzkitt** zu. Danach schleifen Sie mit dem **Exzenterschleifer** und grobem **Schleifpapier** alle Unebenheiten an den Schnittkanten. Mit feinerem Schleifpapier glätten Sie anschließend alle Flächen. Eine besonders hochwertige Oberfläche erhalten Sie, wenn Sie das Holz vor dem letzten Schleifgang mit **Einlaßgrund** behandeln.

> **PROFITIP**
> Führen Sie die Oberfräse immer gleichmäßig und zügig übers Holz, damit keine Brandstellen entstehen.

4 So ein Spielkamerad muß viel aushalten können. Deshalb sollen die **Verbindungen** der Holzteile - vor allem der Stützbretter und Kufen - so stabil wie möglich sein. Am besten eignen sich hierfür eingebohrte und verleimte **Dübel**. Damit alle Dübellöcher exakt die gleiche Tiefe bekommen, wird der **Tiefenanschlag** an der **Bohrmaschine** bzw. am **Bohrständer** entsprechend eingestellt.

Arbeitsanleitung: Kinderschaukel

5 Wenn der Dinosaurier als Schaukeltier benutzt werden soll, können Sie die Kufen fest mit den Beinen verleimen und mit **Schrauben** zusätzlich fixieren. Sollten aber auch alternativ Räder eingesetzt werden können, verzichten Sie auf den Leim und drehen **Holzschrauben** ein. Oder Sie bohren **Einschraubmuttern** in die Füße, in die sich **M8-Maschinenschrauben** eindrehen lassen.

6 Sie können die Räder mit einer **Stichsäge** oder mit einem speziellen **Lochsägeaufsatz** ausschneiden. Zweiteres geht schneller. Hierfür befestigen Sie das **Leimholz** mit untergelegtem Abfallholz mit **Schraubzwingen** an der Arbeitsplatte. Zum Schluß wird „Dino" sauriergemäß angestrichen.

5

4

6

Arbeitsanleitung: Futonbett

Wie man sich bettet...

Menge	Bezeichnung	Maße	Material
2	Bettrahmen	300 x 2600 x 21	Birke Multiplex
2	Bettrahmen	300 x 2000 x 21	
2	Kantendoppel	30 x 2600 x 21	
2	Kantendoppel	30 x 2000 x 21	
2	Wangen	110 x 2050 x 21	
2	Wangen	110 x 1450 x 21	
2	Kanthölzer	40 x 40 x 2000	
2	Kanthölzer	40 x 40 x 1320	
3	Taschen	110 x 250 x21	
6	Taschen	110 x 44 x 21	
12	4 x Füße aufgedoppelt	220 x 220 x 21	
8	4 x Füße aufgedoppelt	160 x 160 x 21	
8	4 x Füße aufgedoppelt	100 x 100 x 21	
4	2 x Tablett	550 x 450 x 21	
4	Aussteifungsecken	100 x 100 x 21	
2	Rückenlehnen	650 x 450 x 21	
12	Lattenrost	80 x 14 x 1350	Fichte massiv
2	Rolladengurt	4 lfm	Textil
100	Dübel	6 x 30	Massivholz
8	Holzschrauben	6 x 70	Metall
10	Holzschrauben	6 x 55	Metall

Holzleim, Farben, Wachse

Arbeitsanleitung: Futonbett

Das Tablett lädt zum Sonntagsfrühstück im Bett ein

Arbeitsanleitung: Futonbett

Material
Siehe Tabelle.

Werkzeuge

Schwierigkeitsgrad
0 1 2 3

Kraftaufwand
0 1 2 3

Arbeitszeit
Für so ein Bett benötigen Sie etwa 20 Stunden.

Ersparnis
Die Ersparnis liegt bei rund 500.– DM.

Anhänger der aus Japan kommenden Schlafstatt, dem **Futon**, schwören auf dessen entspannende Wirkung auf Körper und Seele. Als Futon wird die **Vollpolstermatratze** aus **Naturfasern**, die nicht schwitzen, bezeichnet. Sie regulieren den **Luft- und Feuchtigkeitsaustausch** und sind fest und elastisch. Die traditionelle Unterlage für Futons sind Matten aus gepreßtem Reisstroh. Ihr Name: **Tatami**. Bei uns überwiegt allerdings die Kombination **Futon** und **Lattenrost**. Unser Bettrahmen spiegelt die klassischen Prinzipien fernöstlicher Schlafgewohnheiten wieder: flach, bequem anmutend. Elemente wie Rückenlehnen und Tablett laden zum längeren Verweilen ein.

SICHERHEITSTIP
Um Verletzungen beim Sägen zu vermeiden, sollten Sie die zu bearbeitenden Werkstücke mit Schraubzwingen gut an der Arbeitsplatte festschrauben.

1 Zuerst zeichnen Sie die vorgegebenen Maße auf die **Bauplatten** und schneiden die einzelnen **Bauteile** mit der **Handkreissäge** zu. Lange Schnitte und die Gehrungen gelingen präzise, wenn Sie mit Hilfe einer **Führungsschiene** sägen.

2 Die Schlitze im Bettrahmen, in die später das Tablett und die Rückenlehnen eingesteckt werden, sägen

1

Arbeitsanleitung: Futonbett

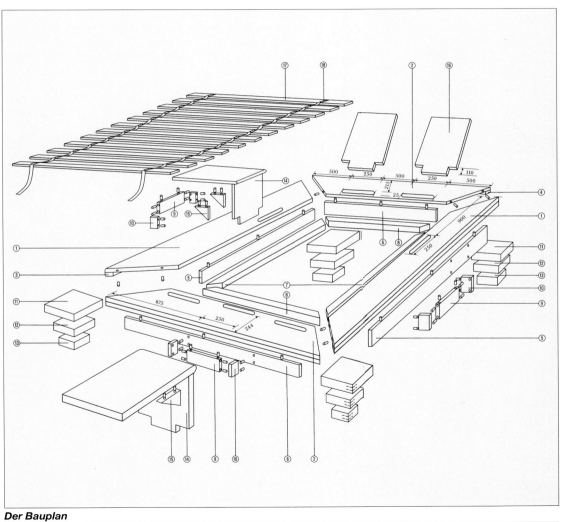

Der Bauplan

Arbeitsanleitung: Futonbett

2

3

4

Sie am besten mit einer **Stichsäge** aus. Um diese ansetzen zu können, bohren Sie an beiden Schlitzenden ein Loch.

3 Nachdem alle Teile ausgesägt sind, versäubern Sie die Sägeschnitte an den Kanten mit einem **Bandschleifer.** Wählen Sie hierfür Schleifpapier mittlerer Körnung.

4 Alle Kanten, die nicht miteinander verbunden werden, werden zusätzlich mit der **Oberfräse** bearbeitet. Mit dem **1/4-Stabfräser** erzielen Sie schöne Rundungen. Die vorangegangene Kantenbearbeitung mit dem **Bandschleifer** erleichtert das Fräsen. Denn so kann der Anlaufring glatt am Holz entlanggleiten.

5 Die letzte Schleifarbeit ist das Bearbeiten der Oberflächen mit dem **Schwingschleifer.** Danach können Sie die einzelnen Teile nach Bauplan zusammenbauen. Die **Gehrungskanten** und **Wangen** werden ohne Leim verdübelt. So kann das Bett bei einem Umzug wieder auseinandergebaut werden. Die Kanthölzer, Taschen und alle übrigen Kleinteile verschrauben Sie. Verbindungen, die nicht mehr gelöst werden müssen, zum Beispiel die Bettfüßchen, können Sie mit **Holzleim** verleimen.

6 Damit die Rolladengurte für den Lattenrost gut halten, werden sie an jeder Latte mit drei diagonal gesetzten **Klammern** festgetackert. Die Holzoberflächen behandeln Sie ganz nach Wunsch und Geschmack mit Beizen, Lacken oder Wachsen.

5

6

Darauf können Sie bauen!

COMPACT-PRAXIS »do it yourself«

- Jeder Band mit über 200 Abbildungen und instruktiven Bildfolgen – alles in Farbe.

- Übersichtliche Symbole für Schwierigkeitsgrad, Kraftbedarf, Zeitaufwand u.v.m. – alles auf einen Blick.

- Anwenderfreundliche Komplettanleitungen für alle wichtigen Heimwerker-Arbeiten – keine schmalen Einzelthemen.

- Mit besonders hervorgehobenen Sicherheits-, Profi- und Ökotips.

Selbst Wohnräume unterm Dach ausbauen

Selbst Gartenteiche anlegen und pflegen

Selbst Elektroinstallationen ausführen

Selbst Fliesen und Platten verlegen

Selbst energiesparende Heizungen einbauen

Selbst Höfe und Wege pflastern

Über 50 Titel lieferbar. Bitte fordern Sie unseren Prospekt an!

Selbst Treppen planen und einbauen

Selbst Dachgeschoß und Keller ausbauen

Selbst mauern, betonieren und verputzen

Selbst Wintergärten und Glashäuser bauen

Selbst Wände und Decken mit Holz verschalen

Selbst Regenwasser-Nutzsysteme anlegen

DM 19,80

Compact Verlag GmbH
Züricher Straße 29
81476 München
Telefon: 0 89/74 51 61-0
Telefax: 0 89/75 60 95

Arbeitsanleitung: Eckhängeschränkchen

Naturlook pur – Eckschränkchen aus Vollholz

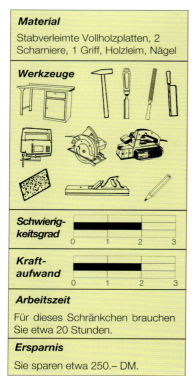

Material
Stabverleimte Vollholzplatten, 2 Scharniere, 1 Griff, Holzleim, Nägel

Werkzeuge

Schwierigkeitsgrad 0 1 2 3

Kraftaufwand 0 1 2 3

Arbeitszeit
Für dieses Schränkchen brauchen Sie etwa 20 Stunden.

Ersparnis
Sie sparen etwa 250.– DM.

So ein Schränkchen nutzt den Platz in Zimmerecken

Dem klassischen „Landhausstil" gerecht wird dieses praktische Eckhängeschränkchen aus Vollholz. Die klare Form macht es zu einem zeitlosen Möbel, das sowohl ins Wohnzimmer, in die Bauernstube wie auch in die Küche paßt.

1 Zuerst schneiden Sie sich mit einer **Handkreissäge** die benötigten einzelnen Teile, gemäß Skizze, zurecht. Zur besseren Sägenführung befestigen Sie eine Leiste mit **Zwingen**. Markieren Sie die einzelnen Teile, damit Sie sie bei den weiteren Arbeiten nicht verwechseln können.

2 Zeichnen Sie die **Zinkenmaße** auf die Seitenteile. Das Abfallteil schraffieren Sie. Die Säge wird immer auf der Rißseite des Abfalls angesetzt. Die Zinkentiefe wird beim Boden und Deckel mit einem **Streichmaß** angerissen. Die Breite entspricht den Zinken der Seitenteile.

Arbeitsanleitung: Eckhängeschränkchen

3 Die Schlitze und Zinken schneiden Sie mit einer **Stichsäge** aus. Für die Schlitze bohren Sie ein Loch mit etwa 8-10 mm Durchmesser vor. Darin läßt sich die Stichsäge gut ansetzen.

4 Nun übertragen Sie die Maße der Zinken auf Boden und Deckel. Die Zinken schneiden Sie mit der **Stichsäge** aus. Sobald alle Zinken und Schlitze ausgesägt sind, setzen Sie das Schränkchen zusammen, um zu prüfen, ob alles paßt. Falls sich die Teile nicht einwandfrei zusammenstecken lassen, arbeiten Sie die Sägekanten mit **Stechbeitel** und **Feile** nach.

5 Das Abschrägen der Seitenteile können Sie mit dem auf 45 Grad gestellten Sägeschuh der **Handkreissäge** oder mit einem Hobel vorneh-

2

4

1

3

5

Arbeitsanleitung: Eckhängeschränkchen

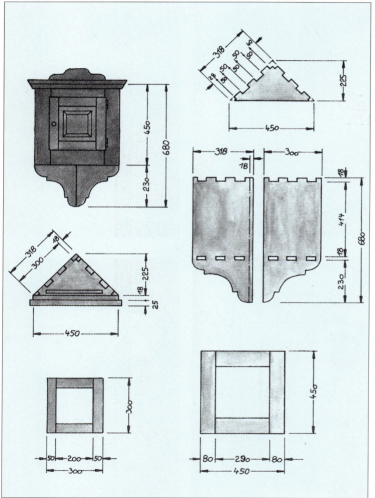

6

men. Auch hier hilft eine Holzleiste als **Führungsschiene.**

6 Die Rundungen des Möbels können Sie ganz nach Ihren Vorstellungen gestalten. Um die **Seitenteile** gleichmäßig auszusägen, fertigen Sie sich am besten eine **Schablone** an und übertragen die Linie mit **Bleistift** auf das Holz. Anschließend sägen Sie die Form mit einer Stichsäge aus.

Jetzt sollten Sie die innenliegenden Flächen abschleifen. Später kommen Sie nämlich schlechter in die Ecken. Anschließend werden die Seiten-, Boden- und Deckenteile verleimt und mit **Klemmzwingen** fixiert. Nach etwa einer Stunde können Sie die Klemmen entfernen.

Nach diesen Skizzen sägen Sie die Teile einzeln aus

Arbeitsanleitung: Eckhängeschränkchen

SICHERHEITSTIP
Krempeln Sie beim Arbeiten mit elektrischen Schneidegeräten die Ärmel Ihrer Kleidung hoch. Sie könnten sich sonst damit im Gerät verfangen und verletzen.

7 Die Tür und die Schrankvorderseite besteht jeweils aus einem Rahmen. Die **Leisten** hierfür schneiden Sie mit der **Handkreissäge** zu. Durch Kennzeichnung mit „Schreinerzeichen" legen Sie deren Lage fest. Hierfür werden die senkrechten und die waagerechten Rahmenteile nebeneinander gelegt und mit einem **Dreieck** gekennzeichnet.

8 Die Rahmen werden per Überblattung zusammengeleimt. Hierfür entfernen Sie mit der **Fein- oder Bandsäge** etwa 0,5 cm von den Rahmenteilen.

9 Beim Türrahmen muß vorher für die Türfüllung ein Falz eingearbeitet werden. Anschließend verleimen Sie den großen Rahmen, schleifen die Oberfläche ab und leimen ihn auf den Schrankkorpus.

10 Zuletzt werden die Scharniere eingebaut.

7

9

8

10

Arbeitsanleitung: Holzterrasse

Bretter, die viel Spaß versprechen

Eine Holzterrasse ist warm, elastisch und pflegeleicht

Arbeitsanleitung: Holzterrasse

Material

3 Wandleisten Zeder natur
à 38 x 89 mm, 2,44 m lang;
17 Balken Zeder natur
à 89 x 89 mm 2,13 lang;
60 Bodenhölzer Zeder natur
à 26 x 140 mm, 3,05 lang;
Metallwinkel; div. Schrauben;
Plasterplatten; Holzkeile

Werkzeuge

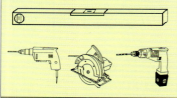

Schwierigkeitsgrad
2 / 3

Kraftaufwand
2 / 3

Arbeitszeit
Hierfür benötigen Sie etwa 20 Stunden.

Ersparnis
Sie sparen rund 1000.– DM Arbeitslohn.

Schluß mit wackeligen Tischen und Stühlen! Wer auch im Freien unbekümmert in geselliger Runde feiern möchte, baut auf eine selbstkonstruierte **Holzterrasse**. Holz ist ein durchaus robustes und langlebiges Material, sofern es nicht dauerhaft **Feuchtigkeit** ausgesetzt ist. Es darf schon einmal naßregnen, sollte aber auch die Möglichkeit haben, wieder trocknen zu können. Holz, das ständigen Kontakt zu feuchtem Erdreich hat, sollte **kesseldruckimprägniert** sein. Oder Sie bauen die Terrasse so, daß das Holz mit dem Boden erst gar nicht in Berührung kommt.

1 Zuerst muß der Untergrund vorbereitet werden. Dazu wird der **Mutterboden** etwa 20 cm tief ausgegraben. Anschließend legen Sie ein **Schotterbett** an, das gut verdichtet und begradigt wird. Sie können auch grobkörnigen Kies verwenden. Wichtig ist, daß der Untergrund **Regenwasser** versickern läßt.

ÖKOTIP
Die Holzart Western Red Cedar ist von Natur aus gut gegen Pilz- und Schädlingsbefall geschützt.
Der Inhaltsstoff „Thujaplizin" schützt dieses Holz natürlich.

1

2

3

Arbeitsanleitung: Holzterrasse

2 + 3 Die **Holzleisten** an der Wand, werden direkt am Mauerwerk befestigt, ohne daß sie mit dem Boden in Berührung kommen. Damit das Ganze gut hält, verwenden Sie am besten **Schlüsselschrauben** von 12 x 140 mm. Je nach Wandkonstruktion sollten Sie zusätzlich **Dübel** verwenden. Auf jeden Fall müssen **Unterlegscheiben** zwischen Schraubenkopf und Holz.

4

7

> **PROFITIP**
> Planen Sie beim Terrassenbau ein kleines Gefälle von 0,5 cm pro Meter in Richtung Garten ein. Das schützt Ihr Haus vor Regenwasser.

4 + 5 Als **Träger** für den Bodenbelag montieren Sie die **Balken** mit verzinkten **Stahlwinkeln** und Riffelnägel oder Schrauben fest. Der Abstand von Balken zu Balken beträgt 60 cm.

5

8

6 Jetzt bringen Sie die Bretter in die Waagerechte. Entweder verwenden Sie hierfür eine lange **Wasserwaage** oder Sie legen ein langes gerades Brett über die Balken und messen mit einer einfachen Wasserwaage. Um Unebenheiten auszugleichen, legen Sie kleine **Keile**

6

9

Arbeitsanleitung: Holzterrasse

oder **Holzplättchen** zwischen Balken und Pflasterplatte.

7 Kleine **Bretter,** die seitlich an den Balken angeschraubt werden, stützen die Terrasse und vermeiden einen direkten Kontakt der Balken mit dem Boden.

8 Mit kleinen **Holzleisten** verschrauben Sie die aneinanderstoßenden Balken.

9 Die **Bodenbretter** werden jetzt von außen in Richtung Haus verlegt und angeschraubt. Hierfür verwenden Sie am besten **Edelstahlschrauben** oder zumindest rostgeschützte **Stahlschrauben.**

10 Holzstöße legen Sie stets mittig auf die Balken. Achten Sie darauf, daß die Holzreihen versetzt sind und daß nie zwei Stöße nebeneinander liegen. Damit die **Fugen** zwischen den Brettern gleichmäßig werden, verwenden Sie als **Abstandhalter** kleine etwa 4 mm dicke Hölzchen.

11 Die Bretter werden mit genügend Überstand an den Enden verlegt.

12 Ein **Verblendbrett** verdeckt, die Einsicht in die Unterkonstruktion. Es wird an die Balken geschraubt.

13 Mit einer elektrischen **Handkreissäge** und **Führungsschiene** werden die überstehenden Bretter exakt auf eine Länge geschnitten.

14 Achten Sie darauf, daß die Bretter wenigstens 2-3 cm überstehen, da auch an den Seiten noch **Verblendbretter** angeschraubt werden sollen.

12

10

13

11

14

Arbeitsanleitung: Frühstücksbrettchen

Da lachen ja die Hühner

Menge	Bezeichnung	Maße in mm	Material
2	Hahn/Korb Seitenwand	320 x 300 x 19	Hartholz, z. B. Ahorn verleimt
11	Boden	12 x 230	Dübelstangen
6	Vesperbrettl	280 x 240 x 19	Hartholz

lebensmittelechte Farbe, Bienenwachs

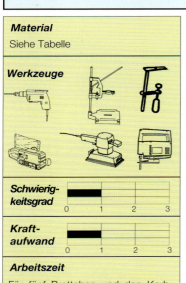

Material
Siehe Tabelle

Werkzeuge

Schwierigkeitsgrad
0 1 2 3

Kraftaufwand
0 1 2 3

Arbeitszeit
Für fünf Brettchen und den Korb benötigen Sie etwa 12 Stunden.

Ersparnis
Sie sparen rund 50.– DM.

Der Bauplan für den Korb

Im Brotkorb lassen sich die Brettchen dekorativ aufbewahren

Arbeitsanleitung: Frühstücksbrettchen

Die lustige Hühnerfamilie sorgt für gute Laune am Frühstückstisch

Arbeitsanleitung: Frühstücksbrettchen

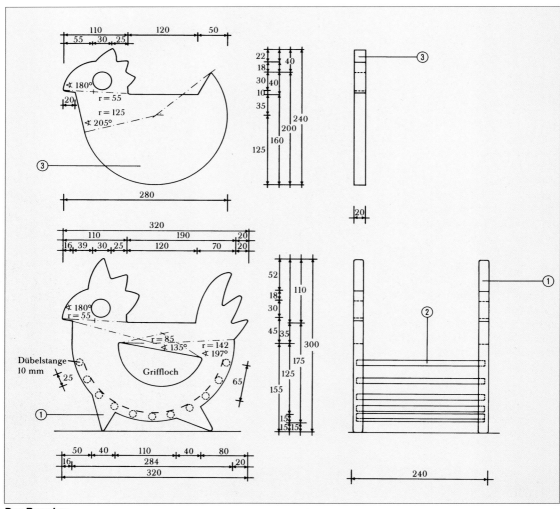

Der Bauplan

Arbeitsanleitung: Frühstücksbrettchen

Diese Frühstücksbrettchen sind ideal für **Heimwerker-Einsteiger.** Viele **Grundfertigkeiten** werden dabei praktiziert.

1 Die Zeichnungen vergrößern Sie per Kopierer und übertragen sie auf die **Hartholzplatten.** Die Einstiche und Wendepunkte für die **Stichsäge** bohren Sie mit einem 8 mm-**Bohrer** vor. Die Augen bohren Sie mit einem 35 mm-**Forstnerbohrer.** Beim Hahn müssen Sie zusätzlich die Löcher für die **Dübelstangen** einarbeiten. Das machen Sie am besten mit einem **Tiefenanschlag.**

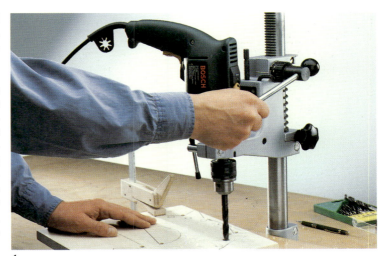
1

2 Jetzt sägen Sie die Figuren mit der **Stichsäge** aus. Mit einem feinzahnigen und kurvengängigen **Sägeblatt** gelingt Ihnen das besonders gut. Halten Sie die **Stichsäge** leicht und locker. Bei den Hähnen die Ausschnitte für die Flügel nicht vergessen.

> **PROFITIP**
> Zum Sägen mit der Stichsäge klemmen Sie das Holz an der Werkbank so fest, daß es „frei schwebt". Dadurch hat das Sägeblatt genug Freiheit, und Sie sägen nicht aus Versehen in die Werkbank.

2

Arbeitsanleitung: Frühstücksbrettchen

3

4

3 Die Kanten schleifen Sie am fest montierten **Bandschleifer** mit Queranschlag. Die spitzen Winkel am Kamm bearbeiten Sie besser per Hand mit **Schleifpapier**.

4 Eine glatte Oberfläche erzielen Sie, indem Sie sie mit einem **Exzenterschleifer** bearbeiten. Damit Ihnen die Brettchen dabei nicht wegrutschen, kleben Sie diese mit doppelseitigem **Klebeband** an der Werkbank fest. Scharfe Kanten brechen Sie anschließend mit **Schleifpapier**. Für den Korb bringen Sie alle **Dübel** auf eine Länge und schrägen die Enden ringsum ab. Die Dübel an einem Ende mit **Holzleim** einstreichen und in eines der Brettchen kleben. Dann die anderen Enden der Dübel mit **Leim** einstreichen und das Gegenstück aufdrücken. Das Körbchen mit **Schraubzwingen** und **Zulagen** fixieren und etwa 12 Stunden so stehen - und den Leim festwerden lassen.

Den Kamm und die Schwanzfedern der Hähne malen Sie mit lebensmittelechter **Farbe** rot an. Die übrige Fläche konservieren Sie dann sehr sorgfältig mit **Bienenwachs**. Die Hühner bleiben naturbelassen.

Arbeitsanleitung: Fensterladen renovieren

Ein neuer Anstrich wirkt Wunder

Weiß gestrichene Fensterläden verleihen einem Haus südliches Flair

Arbeitsanleitung: Fensterladen renovieren

Material

Holzdeckfarbe für Außenanstriche, Holzpaste, Abbeizmittel

Werkzeuge

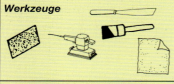

Schwierig-keitsgrad	0	1	2	3
Kraft-aufwand	0	1	2	3

Arbeitszeit

Pro Fensterladen je nach Größe und schadhaften Stellen benötigen Sie zwischen 2 und 4 Stunden.

Ersparnis

Sie sparen die Malerkosten.

Gerade im **Außenbereich** ist Holz extrem Witterungseinflüssen ausgesetzt. **Regenwasser, UV-Strahlen** und **Schädlinge** machen dem Holz ganz schön zu schaffen. So schön Holzfenster und Fensterläden auch sind, sie benötigen den richtigen Anstrich, um auch noch nach Jahren ansehnlich zu sein. Am besten verwenden Sie hierfür **Farben,** die auf natürlichen **Ölen** und **Wachsen** basieren. Die Öle und Wachse dringen tief in das Holz ein. Die Farbe bildet keinen Film, sondern ein offenporiges, gut pigmentiertes **Netz.** Dadurch kann das Holz atmen, und die schutz- und feuchtigkeitsregulierende Wirkung bleibt auf Dauer erhalten. Ein Aufplatzen, wie es bei porenschließenden Lackanstrichen passieren kann, gibt es nicht mehr.

1 Falls Ihre Fensterläden einen alten Anstrich haben, der verwittert ist, müssen Sie zuerst die alten **Farbschichten** entfernen.

1

2

Arbeitsanleitung: Fensterladen renovieren

3

4

2 Verwenden Sie hierfür ein **biologisch abbaubares Abbeizmittel**. Mittlerweile gibt es Abbeizen, die sich angenehm und ohne üble Geruchsbelästigung verarbeiten lassen. Größere Flächen können Sie auch mit einem **Schwingschleifer** abschleifen. Zur Arbeitserleichterung legen Sie die Fensterläden auf zwei Holzböcke.

3 Ausbrüche kitten Sie mit einer zum Holz passenden **Holzpaste**. Nach dem Trocknen und Abschleifen der Spachtelstellen können Sie mit dem Auftragen des neuen **Anstriches** beginnen.

4 In zwei Schleifdurchgängen entfernen Sie die Kratzspuren des **Spachtels.** Hierfür verwenden Sie im ersten Durchgang 120er **Schleifpapier** und im zweiten Durchgang 180er.

5 Mit einem **Holzstab** rühren Sie die Farbe. Sie sollte einen hohen **Festkörperanteil** von mindestens 85 % und nur wenig **Lösungsmittel** beinhalten.

6 Die Farbe tragen Sie dünn auf und streichen sie gut aus. Wenn Sie mit Holz-Deckfarbe (z. B. Osmo Color) streichen, ist mit dem **ersten Anstrich** gleich die **Grundierung** vollzogen. Der **zweite Anstrich** verleiht dem Holz eine perfekte **Oberfläche** und wirkungsvollen **Schutz**. Falls Sie nach ein paar Jahren die Farbe auffrischen möchten, brauchen Sie nur mit derselben Farbe drüberzustreichen. Ein Abbeizen ist nicht mehr nötig, da diese Farbe nicht absplittert.

5

6

Arbeitsanleitung: Stehpult

Hier sind Telefon & Co. in bester Gesellschaft

Menge	Bezeichnung	Maße	Material
2	Seitenwände	208,0 x 57,0 cm	22 mm MDF-Platte
6	Regalböden	37,0 x 25,0 cm	22 mm MDF-Platte
1	oberer Regalboden	37,0 x 10,0 cm	22 mm MDF-Platte
1	Pultplatte	120,0 x 60,0 cm	19 mm MDF-Platte
1	Pultplatte hinterer Streifen	120,0 x 10,0 cm	19 mm MDF-Platte
1	vordere Verstärkung	106,0 x 20,0 cm	22 mm MDF-Platte (Verschnitt)
2	seitliche Verstärkung	50,0 x 10,0 cm	22 mm MDF-Platte (Verschnitt)
1	Rückwand	92,0 x 39,4 cm	3,2 mm Hartfaser weiß
1	Rückwand	69,0 x 39,4 cm	3,2 mm Hartfaser weiß
1	Rückwand	39,0 x 39,4 cm	3,2 mm Hartfaser weiß
1	Klappe	36,8 x 28,0 cm	16 mm MDF-Platte
1	Schubkastenfront	36,8 x 28,0 cm	16 mm MDF-Platte
2	Schubkastenseiten	18,0 x 10,0 cm	10 mm Sperrholz
1	Schubkasten Rückenteil	32,8 x 10,0 cm	10 mm Sperrholz
1	Schubkastenboden	32,8 x 17,0 cm	10 mm Sperrholz
4	Laufleisten	18,0 cm lang	10 x 10 mm Massivholz
1	Anschlagleiste (Klappe)	37,0 cm lang	10 x 10 mm Massivholz

10 mm-Holzdübel, 1 Klavierband (Stangenscharnier) 37 cm lang, 1 feingliedrige Kette 40 cm lang, zwei Griffe, zwei Stuhlwinkel, Holzleim (z. B. UHU coll-expreß), umweltfreundliche Capacryl-Seidenglanzlacke

Dieses praktische **Stehpult** braucht nicht viel Platz und bietet dank der vielen Regalfächer trotzdem genug Ablagefläche für Ihre Heimbüroutensilien. Es paßt selbst in kleine Flure und ist ein hübscher Blickfang, dessen **Anstrich** Sie bestimmen.

1+2 Anhand eines 10 x 0 cm **Rasters** lassen sich die Maße der Seitenteile und des Tisches perfekt auf die **MDF-Platten** übertragen und zuschneiden. Am besten setzen Sie **Makierungspunkte,** die Sie mit einer **biegsamen Leiste** verbinden. Dadurch erhalten Sie exakte Rundungen. Diese übertragen Sie auf die Platte. Bevor Sie mit dem Sägen beginnen, zeichnen Sie die Positionen der Regalfächer auch noch mit ein.

3 Nun können Sie die Seitenteile mit der **Stichsäge** exakt aussägen.

Arbeitsanleitung: Stehpult

Material
Siehe Tabelle

Werkzeuge

Schwierigkeitsgrad 0 1 2 3

Kraftaufwand 0 1 2 3

Arbeitszeit
Für das Stehpult benötigen Sie etwa 14 Stunden.

Ersparnis
Sie sparen etwa 600.– DM.

4 Die Kanten werden mit einer **Holzfeile** und mit **Sandpapier** nachgearbeitet.

5 Aus dem Verschnitt schneiden Sie sich die **Verstärkungen** für die

Praktisch: die Schreibplatte in Stehhöhe

Arbeitsanleitung: Stehpult

Tischplatte zurecht und kleben diese auf der Plattenunterseite mit **Holzleim** fest. Mit **Klemmzwingen** etwa 30 Minuten fixieren. Die Kanten der Regalböden und der Tischplatte werden mit einer **Oberfräse** abgerundet und anschließend mit einer **Holzfeile** und mit **Schleifpapier** versäubert. Sie können aber auch **weiß beschichtete Regalböden** verwenden, die es bereits ab Werk mit abgerundeten Kanten gibt.

6 Die Regalböden werden mit **Holzdübeln** in den Seitenteilen befestigt. Hierfür bohren Sie mit einem Bohrer mit **Tiefenanschlag** die Dübellöcher vor. Mit Hilfe einer **Dübelhilfe** gelingt die exakte Plazierung leichter. Anschließend die **Holzdübel** in die Regalböden kleben.

Jetzt können Sie die Klappe mit einem **Stangenscharnier** an dem entsprechenden Regalboden befestigen. Das Scharnier wird mit kurzen **Schrauben** jeweils am **Regalboden** und an der **Klappe** befestigt.

7 + 8 Die Schublade wird ebenfalls mit geklebten **Holzdübelverbindungen** zusammengebaut. Anschließend schrauben Sie die Laufleisten für die Schublade an den Regalseitenteilen und an der Schublade fest. Jetzt wird das ganze Pult zusammengeklebt. Am besten legen Sie hierfür ein **Seitenteil** mit den **Dübellöchern** nach oben auf Ihre Werkbank und kleben die Regalfächer fest. An-

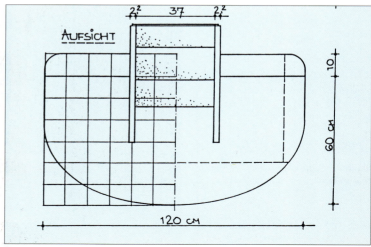

1 Senkrechter Schnitt

2 Aufsicht

Arbeitsanleitung: Stehpult

schließend streichen Sie die **Holzdübel,** die jetzt nach oben stehen, mit **Holzleim** ein und setzen das zweite Seitenteil mit den Dübellöchern nach unten auf die Regalböden und drücken das Seitenteil fest. Hierbei sollten Sie sich von einer zweiten Person helfen lassen. Nach etwa 30 Minuten ist der Leim trocken und fest. Das Regal ist jetzt in sich stabil, sollte aber noch keinen großen Belastungen ausgesetzt werden.

9 Die **Schreibplatte** liegt auf dem vierten Regalboden. Um sie dort befestigen zu können, bekommt

3

4

5

Arbeitsanleitung: Stehpult

6

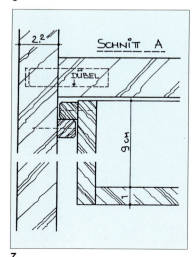

7

PROFITIP
Zum Eckenabrunden von MGF-Platten verwenden Sie am besten eine elektrische Oberfräse mit einem kugelgelagerten Anlaufring. Falls Sie jedoch mit einfachen Anlaufzapfen arbeiten, sollten Sie dies zügig machen und nicht länger an einer Stelle verharren, da sonst Brandflecken entstehen können.

sie zwei 22 cm breite und 20 cm lange Schlitze. Diese werden mit einer **Stichsäge** ausgeschnitten. Anschließend werden die Holzstreifen mit einem **Stechbeitel** ausgestemmt.

10 Später wird die Pultplatte von unten durch den Regalboden hindurch verschraubt. Der hintere Teil der Pultplatte wird eingepaßt.

11 Bevor Sie die Schreibplatte befestigen, wird das Möbelstück gestrichen. Hierfür schrauben Sie das **Scharnier** wieder ab und ziehen die Schublade raus. Zum Auftragen der **Farbe** verwenden Sie am besten einen breiten **Pinsel** oder eine **Schaumstoffrolle**. Achten Sie auf die Farbqualität. Capamix-Acryl-Seidenglanzlacke zum Bei-

spiel sind lichtbeständig und verspröden nicht. Sobald die Farbe trocken ist, schrauben Sie die große Schreibplatte auf den vierten Regalboden.

Bevor Sie die Klappe und die Schublade einbauen, werden die Rückwände an den Seitenteilen festgenagelt. Als Rückwand verwenden Sie **Hartfaserplatten.** Die lassen sich biegen und passen sich

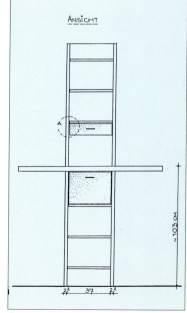

8

Arbeitsanleitung: Stehpult

somit perfekt der Möbelrundung an. Zum Schluß montieren Sie die **Griffe** an Schublade und Klappe. Die Schublade einschieben und die Klappe mit dem **Stangenscharnier** festschrauben. Damit die Klappe nach dem Öffnen nicht ganz nach unten fällt, wird sie mit einer Kette innen am Pultseitenteil mit einer kurzen Schraube befestigt.

Das Pult ist nun fertig und wird mit zwei Stuhlwinkeln, die oberhalb des zweiten Regalbodens von oben befestigt werden, an der Wand fixiert.

9

10

11

Arbeitsanleitung: Gedrechselter Kerzenleuchter

Ein Leuchter für romantisches Kerzenlicht

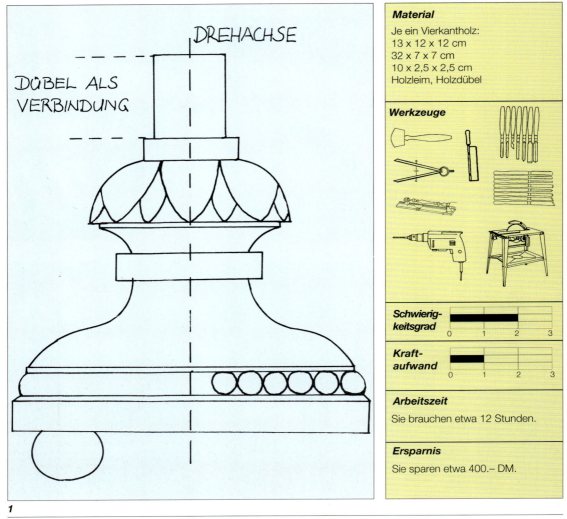

Material
Je ein Vierkantholz:
13 x 12 x 12 cm
32 x 7 x 7 cm
10 x 2,5 x 2,5 cm
Holzleim, Holzdübel

Werkzeuge

Schwierigkeitsgrad: 2 (Skala 0–3)

Kraftaufwand: 1 (Skala 0–3)

Arbeitszeit
Sie brauchen etwa 12 Stunden.

Ersparnis
Sie sparen etwa 400.– DM.

1

Arbeitsanleitung: Gedrechselter Kerzenleuchter

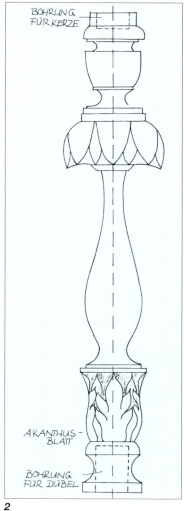

Der Kerzenleuchter entsteht aus Schnitz- und Drechselarbeiten

Arbeitsanleitung: Gedrechselter Kerzenleuchter

3

4

5

Zum **Drechseln** dieses Leuchters verwenden Sie am besten **Lindenholz.** Falls er unbehandelt bleiben sollte, eignet sich noch eher **Zirbelholz.**

1 + 2 Um einen möglichst geringen **Holzverschnitt** zu erzielen, arbeiten Sie den Leuchter in mehreren Teilen, die Sie anschließend zusammenbauen. Welche **Proportionen** die Elemente haben, sehen Sie in den **Zeichnungen.** Das untere Leuchterteil wird 10,5 cm hoch, der Verbindungsdübel mißt 2,5 cm. Das obere Teil ist 32 cm lang. Da es sich bei den Teilen um **Langholzteile** handelt, können Sie diese mit dem **Dreizack** drehen.

3 Als erstes bereiten Sie die Holzteile mit einer **Kreissäge** vor. Anschließend bestimmen Sie den Mittelpunkt des ersten Stücks und spannen es ein. Wie im **Grundkurs** beschrieben, schruppen und schlichten Sie das Holz. Danach ritzen Sie mit dem **Zirkel** die Abstände der Formen ein. Falls Sie mit den Maßen nicht ganz exakt hinkommen, ist es nicht so schlimm, solange die **Proportionen** zum Schluß passen.

4 Das untere und das mittlere Teil verbinden Sie mit einem **Dübel.** Hierfür drehen Sie am unteren Teil einen **Zapfen** mit einer Stärke von 25 mm.

5 Das obere Teil erhält, nachdem es gedrechselt ist, ein entsprechendes Loch, in das der **Dübel** paßt. Statt des **Dreizacks** verwenden Sie an der Drehbank einen **Bohrer** und führen ihn mit dem **Reitstock** als Zentrierhilfe so tief wie erforderlich in das Holz.

6 Für die kleinen **Kugelfüßchen** brauchen Sie drei um ein Drittel gekappte Kugeln, die am Sockelteil mit Holzdübeln befestigt werden. Die Kugeln werden aus einem Holzstück gedrechselt. Hierfür drehen Sie drei Kugeln hintereinander und sägen diese anschließend mit einer **Feinsäge** auseinander. Sobald Sie alle Teile gedrechselt haben, können Sie mit den Vorbereitungen für die Schnitzarbeiten beginnen. Damit die Muster gleichmäßig werden, messen Sie mit einem **Zirkel** die Abstände ab und zeichnen mit einem weichen **Bleistift** die Linien auf. Die auszuschnitzenden Bereiche **(Viertelstäbe)** am Absatz- und Sockelteil teilen Sie in acht gleiche Abschnitte ein. Dadurch ergibt sich die **Blattbreite.** Die Blätter auf dem geschwungenen Bereich am obe-

Arbeitsanleitung: Gedrechselter Kerzenleuchter

ren Stück erstrecken sich je über ein Viertel des Umfangs. Die zwischen den Blattspitzen entstehenden Zwischenräume werden mit einem angedeuteten Blatt gefüllt.

7 Zum Schnitzen spannen Sie die Teile mit **Beilagen** an der **Werkbank** ein. Aus dem Rundstab im Sockelteil wird eine Perlenreihe geschnitzt. Da der Rundstab 8 mm hoch ist, sollten die Perlen ebenso 8 mm breit werden. Die Vorbereitungsarbeit erledigen Sie am besten mit einem Geißfuß. Anschließend arbeiten Sie die Form mit einem in der Größe passendem **Eisen** sauber nach. Unsaubere Ecken und Winkel können Sie mit einem **Balleisen** putzen.

8 Die Konturen der Blätter setzen Sie ebenfalls mit dem **Geißfuß** ab. Wenn alle Konturen festgelegt sind, können Sie mit dem Schneiden beginnen. Für diese Arbeit verwenden Sie am besten schmale **Eisen** mit den Stichen drei, fünf und elf. Um ein sauberes Ergebnis zu erzielen, müssen die Kanten scharf abgestochen werden. Achten Sie deshalb darauf, daß die Eisen gut geschärft sind. Gegebenenfalls schärfen Sie mit einem Abziehleder nochmal nach.

9 Damit die Blätter plastischer aussehen, werden sie noch modelliert. Eine vertieft auslaufende Blattspitze oder eine Blattrippe machen das Motiv perfekter. Als weiterer Blickfang werden in das längliche Mittelteil acht Kannelüren geschnitzt, die nach unten und oben flach auslaufen. Zum Schluß bohren Sie die Vertiefung für die Kerze in den oberen Abschluß. Sie sollte so groß sein, daß eine normale Tafelkerze mit einem Durchmesser von 2 cm hineinpaßt. Am besten arbeiten Sie mit einem 20 oder 22 mm starken **Holzbohrer**. Achten Sie darauf, daß die Seitenwände nicht zu dünn werden. Sie könnten sonst ausbrechen. Die **Oberfläche** des Leuchters können Sie beizen, wachsen, lackieren oder sogar vergolden.

6

8

7

9

Arbeitsanleitung: Holzbodenrenovierung und -pflege

Das macht Ihren Holzboden wie neu

1

2

Material

Hartwachs-Öl, Wachs- und Pflegemittel, Holzpaste

Werkzeuge

Schwierigkeitsgrad

Kraftaufwand

Arbeitszeit

Für 20 qm benötigen Sie etwa 4 Stunden (ohne Trocknungszeit).

Ersparnis

Sie sparen rund 250.– DM Arbeitslohn.

Der klassische Parkettboden hat meist eine sehr dauerhafte **Acryllackversiegelung.** Doch auch eine solche Versiegelung ist nicht für ewig. Je nach Beanspruchung des Bodens muß sie zu gegebener Zeit abgeschliffen werden. Statt mit einer neuen aufwendigen Acryllackversiegelung können Sie den Boden auch mit **Hartwachs-Öl** spe-

Arbeitsanleitung: Holzbodenrenovierung und -pflege

Mit der richtigen Pflege haben Sie jahrelang Freude an Ihrem Holzboden

Arbeitsanleitung: Holzbodenrenovierung und -pflege

3

4

zialbehandeln. Das verleiht dem Boden einen seidenmatten Glanz und macht ihn dauerhaft trittfest, belastbar, wasserabweisend und widerstandsfähig gegen Wein-, Bier-, Kaffee- und sogar gegen Obstsaftflecken. So ein **offenporiger Anstrich** reißt nicht und blättert auch nicht ab. Er sollte lediglich nach etwa 5 Jahren erneuert werden - mit dem Vorteil, daß Sie den Boden vorher weder abschleifen noch grundieren müssen. Sie streichen einfach nach vorheriger Reinigung drüber. Eine Hartwachs-Öl-Behandlung eignet sich selbstverständlich auch sehr gut für unbehandelte **Naturholzböden.**

1 Bevor Sie den Boden mit **Hartwachs-Öl** behandeln, muß er sauber, trocken und staubfrei sein. Alte offenporige **Anstriche** werden gereinigt. Alte Lackschichten müssen Sie abbeizen. Sie können die **Oberfläche** auch mit einem **Schwingschleifer** abschleifen. Falls der Holzboden kleine **Risse** hat, bessern Sie diese mit farblich passendem **Holzkitt** aus. Hierfür füllen Sie den Kitt in die Hohlstelle und verfugen ihn mit einem kleinen **Spachtel.** Zum Schluß wird die Holzoberfläche nochmals mit einer 150er **Körnung** maschinell nachgeschliffen.

Arbeitsanleitung: Holzbodenrenovierung und -pflege

2+3 Jetzt können Sie das **Hartwachs-Öl** auftragen. Die Zimmerecken und Kanten bearbeiten Sie am besten mit einem **Naturhaarpinsel.** Die restliche Fläche können Sie mit Hilfe einer **Fußbodenbürste** mit Stil einstreichen. Das erspart Ihnen ein mühevolles Herumrutschen auf den Knien. Die Bürste sollte einen dichten **Borstenbesatz** haben. Streichen Sie immer in **Holzfaserrichtung** von links nach rechts und von rechts nach links. Achten Sie darauf, daß Hartwachs-Öl dünn aufzutragen und gründlich auszustreichen.

Dieser erste **Anstrich** muß acht bis zehn Stunden bei guter **Belüftung** trocknen. Dann könnten Sie nämlich gleich am nächsten Tag den zweiten Anstrich vornehmen, der auch wieder eine acht- bis zehnstündige **Trocknungszeit** benötigt.

PROFITIP
Damit Ihnen bei der Bodenarbeit die Knie nicht schmerzen, legen Sie sich ein kleines Kissen unter oder besorgen sich spezielle Kniepolster aus Gummi.

4 Sobald der Boden völlig trocken ist, können Sie ihn zusätzlich mit einem **Wachs-Pflegemittel** einreiben und bohnern. Das verleiht dem Boden einen besonders schönen Glanz. Auch **Verschmutzungen** wie Streifen lassen sich mit dem Pflegemittel gut entfernen.

5+6 Falls Sie eine große Fläche zu bearbeiten haben, können Sie eine **Hartwachs-Öl-Behandlung** und die nachfolgende **Pflege** auch mit einer technisch dafür geeigneten **Bürstenmaschine** durchführen. Diese bekommen Sie in **Baumärkten** ausgeliehen.

5

6

Arbeitsanleitung: Stummer Diener

Stets zu Diensten...

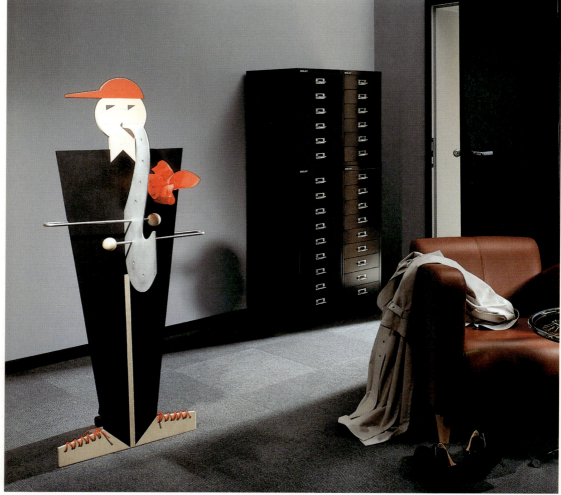

So ein pfiffiger Diener bringt nicht nur Ordnung, sondern auch pep in die Wohnung

Arbeitsanleitung: Stummer Diener

Menge	Bezeichnung	Maße mm	Material
1	Körper	500 x 1400 x 20	Birke multiplex
1	Stellfuß	750 x 300 x 20	Birke multiplex
2	Kleiderbügel	300 x 50 x 8	Metall
2	Kugeln	ø 30	Buche
1	Aluminiumblech für Saxophon	680x220x5	Aluminium

Farbe, ein rotes Tuch, rote Schnürsenkel

Material
Siehe Tabelle

Werkzeuge

Schwierigkeitsgrad 0 1 2 3

Kraftaufwand 0 1 2 3

Arbeitszeit
Sie benötigen etwa 12 Stunden.

Ersparnis
Sie sparen rund 100.– DM.

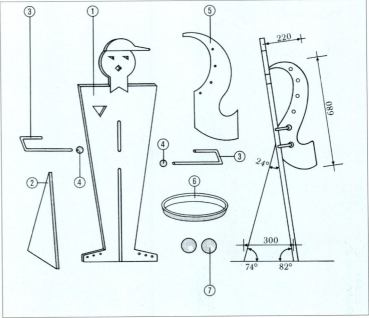

Arbeitsanleitung: Stummer Diener

1

2

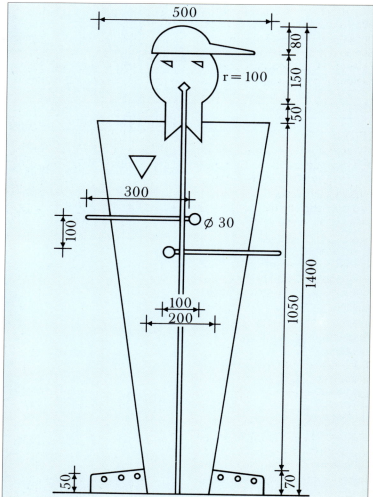
Der Bauplan

Arbeitsanleitung: Stummer Diener

So ein ordnungsbewußter Helfer aus Holz wird aus einer einzigen großen Platte gefertigt, die zum Schluß bemalt wird. Falls Ihnen das Formen des **Saxophons** und der **Kleiderbügel** zu schwierig ist, lassen Sie sich die Teile beim **Spengler** fertigen.

1 Zuerst übertragen Sie die per **Kopierer** vergrößerte Zeichnung auf die Holzplatte und sägen die Konturen mit der **Stichsäge** mit Kurvensägeblatt sauber aus. Hierfür wird die Holzplatte mit Zwingen gut an der Werkbank befestigt.

2 Mit einem stationär eingespannten **Bandschleifer** säubern Sie die **Sägekanten**, indem Sie die Figur daran entlangführen. Versuchen Sie, diese Arbeit möglichst schwungvoll zu machen, um ein Verkippen zu vermeiden.

3 Alle Ecken, Rundungen und innenliegenden Kanten, die Sie mit dem **Bandschleifer** nicht erreichen, bearbeiten Sie anschließend mit einem **Deltaschleifer**. Oder Sie feilen die Kanten mit **Schleifpapier** und **Schleifklotz** per Hand. Achten Sie beim Schleifen stets darauf, die Kanten zuerst plan zu schleifen, bevor Sie sie runden.

3

4

Arbeitsanleitung: Stummer Diener

4 Nachdem alle Kanten bearbeitet sind, kleben Sie die Figur mit doppelseitigem **Klebeband** auf der **Werkbank** fest. Dann schleifen Sie die Oberfläche mit einem **Schwingschleifer** ab.

5 Für die Arme müssen seitlich zwei Löcher gebohrt werden. Ein **Bohrständer** leistet Ihnen hierfür große Hilfe und schützt vor einer Fehlbohrung. Als Hilfsmittel benötigen Sie ein langes **Kantholz** und **Holzzwingen**. Zuerst befestigen Sie das Kantholz mit zwei Zwingen bündig an der Tischkante. Damit erhalten Sie die winkelgerechte Auflage für das **Werkstück**, das Sie vertikal am Kantholz bzw. der Tischkante festklemmen. Dann schieben Sie den **Bohrständer** mit der eingespannten **Bohrmaschine** genau über die Mitte der schmalen Werkstückkante und bohren das Loch.

5

Jetzt übertragen Sie die **Konturen** des Saxophons auf das **Aluminium**. Normalerweise läßt sich dünnes Aluminium mit einer **Feinsäge** sägen. Damit aber das Saxophon in sich stabil bleibt, verwenden wir ein mindestens 5 mm dickes Aluminiumblech, und das läßt sich nur schwer sägen. Um die Rundungen exakt ausarbeiten zu können, bohren Sie mit Hilfe eines **Bohrständers** etwa 2 mm neben der gewünschten Kante eine Löcherkette. Die Stege zwischen den einzelnen Löchern betragen etwa 1 mm. Verwenden Sie für diese Bohrung einen 4 - 5 mm-Metallbohrer. Anschließend durchbrechen Sie die Stege mit einem dicken **Metallstift** und **Hammer** und schleifen die zurückbleibenden Spitzen mit einer halbrunden **Feile** ab. So arbeiten Sie die ganze Kante sauber aus. Wenn die Form des Saxophons fertig ist, bohren Sie die kleinen Löcher für die **Metallbügel** in die Mitte des Saxophons. Dann biegen Sie die Metallbügel zurecht, indem Sie die Stangen um ein rundes Holz mit etwa 8 cm Durchmesser biegen.

Zum Schluß bekommt der Stumme Diener seinen **Anzug** angezogen. Sie können ihn streichen oder beizen. Sobald die **Farbe** trocken ist, kleben Sie den **Stellfuß** an der Rückseite und das Saxophon an der Vorderseite fest. Jetzt müssen Sie nur die Kleiderbügel feststecken, die Schnürsenkel einziehen und das rote Einstecktuch ankleben.

Sachwortregister

Wo finde ich was?

Abbeizmittel	75
Abfallholz	30
Absetzstahl	25
Abstandhalter	67
Acryllackversiegelung	87
Anriß	20
Balleisen	85
Bandschleifer	24, 42, 58, 72, 93
Bast	8
Bauplatten	56
Bienenwachs	17, 72
Blockhaus	6
Borke	8
Bretter, besäumte	11
Bretter, unbesäumte	11
Decklack	17
Deltaschleifer	24, 93
Drechselholz	10
Drehmeißel	26f.
E 1 FO-Platten	12
Einlaßgrund	52
Exzenterschleifer	24, 52, 72
Faserverlauf	28
Fassadenverkleidung	6
Forstnerbohrer	71
Führungsschiene	41, 56, 62, 67
Furniere	11
Gehrungslade	20
Geißfuß	85
Gerbsäure	9
Hartfaserplatten	13
Hartholzplatten	71
Holzbeize	17
Holzkitt	33, 52, 88
Holzlasur	17
Holzpaste	75
Holzterrasse	65
Holzverschnitt	84
Kambium	8
Kanthölzer	11
Kernholz	8
Klammern	58
Klemmzwingen	62
Körnung	42, 88
Kreisschneidevorrichtung	42
Kreuzpunkt	32
Kurvensägeblatt	21
Langholzteile	84
Laubhölzer	9
Leimholz	11, 49
Lignin	8
Lochsägeaufsatz	53
Maschinenschrauben	53
Messer	23
Multiplexplatten	12
Nadelhölzer	9
Nägel	33
Nut und Feder	44
Oberfräse	31, 51
Obsthölzer	10
Paneele	13
Profilbretter	13
Profilfräser	31
Reitstockfeststellriegel	26
Schablone	50, 62
Schlüsselschrauben	66
Schmiege	46
Schnitzholz	10
Schruppröhre	25
Schwartenbretter	11
Schwingschleifer	24, 58, 75, 88
Sockelleiste	47
Spanplatten	12
Spax	14
Sperrhölzer	12
Sperrholzplatte	50
Splintholz	8
Stangenscharnier	16
Stichsäge	41, 50, 53, 58, 93
Tiefenanschlag	52
Tischlerplatten	13
Topfband	16
Trocknungszeit	89
Übergangsschiene	47
Verblendbrett	67
Versenkstift	33
Zellulose	8
Zinkenmaße	60
Zirbelholz	84

Bildquellen-Nachweis

Abbildungsverzeichnis

Die nachfolgend genannten Personen und Firmen haben Bildmaterial zur Verfügung gestellt. Wir möchten ihnen für die freundliche Unterstützung danken. In Klammern finden Sie die Seitenzahl und - von oben nach unten bzw. von links nach rechts gezählt - die Bildnummer.

Alessi Deutschland
Steinhöft 11
20459 Hamburg
Tel. 040/386 00 00
(7/8)

ARGE Holz e.V
Füllenbachstr. 6
40474 Düsseldorf
Tel. 0211/47 81 80
(7/1; 9/1-4; 10/1-6; 11/1,3)

Auro GmbH
Postfach 12 38
38002 Braunschweig
Tel. 0531/281 41 41
(37/1-4)

Black & Decker GmbH
Postfach 12 02
65502 Idstein
Tel. 06126/21-0
(22/3,5-6; 32/2; 33/1)

Robert Bosch GmbH
Postfach 10 01 56
70745 Echterdingen
Tel. 0711/758-0
(14/1-2;16/1;21/2-6;23/1-2;24/1;25/2;31/1-8;32/1;36/2-3;38-43;48-58;68-72;90-94)

Carl Ed. Meyer GmbH
Berner Str. 55
27751 Delmenhorst
Tel. 04221/59324
(7/3)

CDN Naturstammhaus
Fasanenstr. 37
65779 Kelkheim/Ts.
Tel. 06195/67011
(6)

CMA
Postfach 20 03 20
53133 Bonn
Tel. 0228/847-0
(8)

HARO Hamberger
Industriewerke GmbH
Postfach 10 03 53
83003 Rosenheim
Tel. 08031/700-0
(44-47; 59)

hülsta-Werke
G.-Hauptmann-Str. 43-49
48702 Stadtlohn
Tel. 02563/86-0
(7/5; 11/2)

Ikea Deutschland GmbH
Am Wandersmann 2-4
65719 Hofheim-Wallau
Tel. 01805/5152
(7/7)

Naef AG
CH-4314 Zeiningen
Tel. 0041/61/851 18 44
(7/4)

OSMO GmbH & Co.
Postfach 63 40
48033 Münster
Tel. 0251/692-0
(7/2,6,9;13/1-4;17/1;64-67;73-75;86-89)

UHU-GmbH
Postfach 15 52
77813 Bühl
Tel. 07223/284-0
(76-81)

Heidi Häfelein
(12/1-3;14/3;15/1-5;16/2-4;20/1-3;22/4;24/2;33/2-5;35/1-4)

Alle übrigen Abbildungen stammen von Carola Heine und Toni Klaus, Compact Verlag